タンパク質 実験 マニュアル

胡桃坂 仁志 編

朝倉書店

編集者

胡桃坂 仁志　早稲田大学理工学術院

執筆者（執筆順）

杵渕　　隆	(独)理化学研究所ゲノム科学総合研究センター
清水　光弘	明星大学理工学部化学科
毛谷村賢司	九州大学大学院薬学研究院生命薬学講座
尾崎　省吾	九州大学大学院薬学研究院生命薬学講座
片山　　勉	九州大学大学院薬学研究院生命薬学講座
滝沢　由政	早稲田大学理工学部電気・情報生命工学科
胡桃坂仁志	早稲田大学理工学術院
半田　直史	東京大学大学院新領域創成科学研究科メディカルゲノム専攻
菱田　　卓	大阪大学微生物病研究所環境応答研究部門
新井　直人	日本大学生物資源科学部応用生物科学科
田上　英明	名古屋市立大学大学院システム自然科学研究科生体情報専攻
薬師　寿治	信州大学農学部応用生命科学科
永森　收志	Department of Physiology, University of California, Los Angeles
H. Ronald Kaback	Departments of Physiology and Microbiology and Molecular Genetics, Molecular Biology Institute, University of California, Los Angeles
榎本　りま	(独)理化学研究所ゲノム科学総合研究センター
横山　茂之	東京大学大学院理学系研究科生物化学専攻, (独)理化学研究所ゲノム科学総合研究センター
立和名博昭	早稲田大学大学院理工学研究科電気・情報生命専攻
立田　大輔	(財)微生物化学研究会微生物化学研究センター
太田　　力	国立がんセンター研究所腫瘍ゲノム解析・情報研究部
垣野　明美	東北大学大学院医学系研究科医科学専攻
井倉　　毅	東北大学大学院医学系研究科医科学専攻
浦　　聖恵	大阪大学大学院医学系研究科病態制御医学専攻
竹本　　愛	東京大学大学院理学系研究科生物化学専攻
木村　圭志	筑波大学大学院生命環境科学研究科生物機能科学専攻
花岡　文雄	大阪大学大学院生命機能研究科時空生物学講座
俵元　麻貴	(独)理化学研究所ゲノム科学総合研究センター
香川　亜子	(独)理化学研究所ゲノム科学総合研究センター
木川　隆則	(独)理化学研究所ゲノム科学総合研究センター
原田　拓志	(独)理化学研究所ゲノム科学総合研究センター

はじめに

　タンパク質は20種類のアミノ酸が直鎖状につながった物質であり，そのアミノ酸配列情報は，遺伝子に暗号化されてゲノムDNAに保存されている．つまり，遺伝子に書き込まれた情報とは，タンパク質の設計図のことを指すのである．ヒトゲノムの解読が終了し，ヒトはおよそ22,000種類の遺伝子を持つことが明らかになった．現在，ヒトを含む多くの生物種においてゲノム解読がなされ，それらの生物固有の遺伝子情報が簡単に入手できるようになった．このことは，今後の生物学研究の流れが，遺伝子情報の解読研究から，その情報によって作られる本体であるタンパク質研究へと大きく移行していくことを意味している．

　DNAはわずか4種類のヌクレオチドからなり，しかも二重らせん構造という均一な高次構造を形成しているため，画一的な取り扱い手法によって研究を推進することができた．しかしタンパク質は，構成成分であるアミノ酸も20種類存在し，その高次構造や機能もタンパク質それぞれに特徴的である．このことは，タンパク質研究の大きな魅力の一つであるが，一方，新規のタンパク質研究を行う際に，画一的な手法での取り扱いができないことが大きな障害ともなっている．

　タンパク質研究は，精製したタンパク質を用いた生化学的解析を中心に発展してきた．タンパク質精製技術の向上は，タンパク質の結晶化や濃縮技術の向上にも直接影響している．その結果，これまでにX線結晶構造解析法やNMR分光法によって多くのタンパク質の立体構造の決定がなされている．タンパク質の機能およびその反応機構を理解するためには，その生化学的解析と立体構造の解明は必須であり，"タンパク質精製"は，このようなタンパク質研究にとって基盤技術である．しかし，画一的な手法での取り扱いができないため，新規タンパク質精製法の確立は，いまだタンパク質研究において最も大きな障壁となっている．

　新規タンパク質精製を試みる際，通常，既知のタンパク質精製法を参考に行う．そこで本書では，これまでに精製法が確立されたさまざまなタンパク質精製法を，それらのタンパク質を研究現場において実際に取り扱っている研究者の執筆によってまとめた．大腸菌や昆虫細胞を用いた組換えタンパク質としてのタンパク質作製法や培養細胞からのタンパク質精製法に加え，取り扱い困難である膜タンパク質の精製法や無細胞系でのタンパク質発現・精製法までも取り扱った．ここに記載されているタンパク質の精製を行う場合はもとより，新規タンパク質精製のための参考書としても有効であるように，各操作の意味や試薬の使用方法，意図についても分かるように配慮した．また，初めてタンパク質精製を

行う研究者にとっても，その作業がイメージできるようにつとめた．本書が，生物学研究の多くの現場で役に立つことを願っている．

2006 年 9 月

胡桃坂　仁志

目　　次

I　大腸菌タンパク質の精製法

1. 大腸菌 SSB タンパク質の精製 〔杵渕　隆，清水光弘〕…… *1*
2. 大腸菌 DnaA タンパク質の精製法 〔毛谷村賢司，尾崎省吾，片山　勉〕…… *7*
3. 大腸菌相同組換えタンパク質 RecA の精製 〔滝沢由政，胡桃坂仁志〕…… *15*
4. 大腸菌の RecBCD 相同組換え酵素の精製法 〔半田直史〕…… *22*
5. 大腸菌の RecQ DNA ヘリケースの精製 〔菱田　卓〕…… *32*

II　出芽酵母からのタンパク質精製法

6. 酵母からの DNA 結合タンパク質（RPA）の精製方法 〔新井直人〕…… *40*
7. 酵母からのヒストン複合体精製法 〔田上英明〕…… *51*

III　膜タンパク質の精製法

8. ABC トランスポーター LolCED 複合体の精製法 〔薬師寿治〕…… *59*
9. アフィニティータグを用いた膜タンパク質の精製法 〔永森收志，H. R. Kaback〕…… *68*

IV　真核生物由来の遺伝子産物の発現・精製・結晶化

10. 出芽酵母の DNA 組換えタンパク質 Rad51 の精製法 〔新井直人〕…… *75*
11. 出芽酵母の DNA 組換えタンパク質 Rad52 の精製法 〔新井直人〕…… *86*
12. ヒト Dmc1 タンパク質の精製法と結晶化法 〔榎本りま，杵渕　隆，胡桃坂仁志，横山茂之〕…… *95*
13. 大腸菌を用いたリコンビナントヒストンの精製 〔立和名博昭，胡桃坂仁志〕…… *102*
14. 昆虫細胞からのタンパク質の発現，精製 〔立田大輔，太田　力〕…… *108*

V　ヒト培養細胞からのタンパク質精製法

15. 哺乳類培養細胞からの TIP60 ヒストンアセチル化酵素複合体の精製法 〔垣野明美，井倉　毅〕…… *116*

16　培養細胞からのリンカーヒストンの精製法 …………………………〔浦　聖恵〕…… *123*

17　染色体凝縮因子コンデンシンのアフィニティー精製法
　　　　…………………………〔竹本　愛, 木村圭志, 花岡文雄〕…… *129*

18　ヒト培養細胞からのトポイソメラーゼの精製
　　　　…………………………〔竹本　愛, 木村圭志, 花岡文雄〕…… *133*

19　培養細胞からのヒストンの精製法
　　　　………………〔俵元麻貴, 香川亜子, 胡桃坂仁志, 横山茂之〕…… *140*

VI　無細胞系によるタンパク質発現精製とその応用

20　無細胞タンパク質合成系によるタンパク質発現・精製法 ……〔原田拓志, 木川隆則〕…… *147*

21　無細胞タンパク質合成系によるタンパク質のアミノ酸標識法
　　　　…………………………………………〔原田拓志, 木川隆則〕…… *153*

索　　引 ……………………………………………………………………………… *160*

◆ 1 ◆
大腸菌 SSB タンパク質の精製

　一本鎖 DNA 結合タンパク質は，DNA の複製，修復，組換えの過程において重要な役割を演じており，原核生物から真核生物に至るまで普遍的に存在する．これらの中で大腸菌の一本鎖 DNA 結合タンパク質（*E. coli* single-stranded DNA binding protein, 以下 SSB と略）は，最もよく研究されている一本鎖 DNA 結合タンパク質である．SSB は 177 アミノ酸からなり，分子量が 18,843 で等電点が 6.0 の中性タンパク質である．溶液中では安定なホモ四量体として存在し，一本鎖 DNA に対して特異的に，かつ協同的に結合する[1]．

　本章では，SSB を大腸菌にて大量発現後，硫酸アンモニウム沈殿，イオン交換カラム，アフィニティーカラムを通して精製する方法を紹介する．

準備するもの

1. **器具，機械**
- 振とう培養機
- 超遠心機
- 高速遠心機
- スターラー
- ホモジナイザー
- ジャーファーメンター
- ソニケーター
- エコノカラム
- フラクションコレクター
- ペリスタポンプ

2. **試　薬**
- IPTG（イソプロピル-β-チオガラクトピラノシド）： 1 M ストック溶液を調製後，ろ過滅菌し，−20°C にて保存する．
- アンピシリン： 100 mg/mL ストック溶液を調製後，ろ過滅菌し，−20°C にて保存する．
- リゾチーム
- リボヌクレアーゼ A

- トリス（ヒドロキシメチル）アミノメタン（Tris）
- スクロース
- グリセロール
- EDTA
- イミダゾール
- NaCl
- LB 培地（1%トリプトン，0.5%酵母エキス，1% NaCl，pH 7.0）
- SOC 培地： 2%トリプトン，0.5%酵母エキス，0.05% NaCl，pH 7.0 の溶液を調製し，それに別に滅菌した 2M $MgCl_2$ を 10 mM になるように加える．さらに，この溶液にろ過滅菌した 1M グルコースを 20 mM になるように加えて調製する．

3. カラム

- リン酸セルロース P-11（Whatman 製）
- ヘパリンセファロース CL-6B（GE Healthcare Bio-Science 製）

4. 試薬の調製

バッファー A

		最終濃度
1 M Tris-HCl（pH 7.5）	3 mL	50 mM
スクロース（w/v）	5.76 g	9.6 %
全量	60 mL	

バッファー B

		最終濃度
1 M Tris-HCl（pH 7.9）	10 mL	100 mM
0.5 M EDTA	0.2 mL	1 mM
NaCl	1.17 g	200 mM
14.3 M 2-メルカプトエタノール	14 μL	2 mM
グリセロール	20 mL	20 %
全量	100 mL	

バッファー C

		最終濃度
1 M イミダゾール-HCl（pH 6.9）	100 mL	50 mM
0.5 M EDTA	4 mL	1 mM
14.3 M 2-メルカプトエタノール	140 μL	1 mM
グリセロール	400 mL	20 %
全量	2,000 mL	

2×SDS-PAGE サンプルバッファー		最終濃度
1 M Tris-HCl (pH 6.8)	2 mL	100 mM
10% SDS	8 mL	4 %
14.3 M 2-メルカプトエタノール	280 μL	200 mM
10% ブロモフェノールブルー	400 μL	0.2 %
グリセロール	8 mL	20 %
全量	20 mL	

プロトコール

1. 形質転換
- コンピテントセル： 大腸菌 BL21 (DE3) pLys 株
- プラスミド DNA： pT7-5-SSB[1]

① コンピテントセル BL21 (DE3) pLys 株に 50 ng/μL の pT7-5-SSB 1 μL を加える．
② 氷上で 20 分間放置する．
③ 42℃で 30 秒インキュベートする．この際，大腸菌をなるべく揺らさないように注意する．
④ 氷上で 2 分間放置する．
⑤ SOC 培地 900 μL を加える．
⑥ 37℃で 1 時間振とう培養する．
⑦ 50 μL を 100 μg/mL のアンピシリンを含む LB プレートに塗布する．
⑧ 37℃で約 16 時間培養する．

2. 前培養
① シングルコロニーをピックアップし，100 μg/mL のアンピシリンを含む 20 mL の LB 培地に加える．
② 37℃で約 16 時間培養する．

3. 本培養
① 100 μg/mL のアンピシリンを含む 2 L の LB 培地に，前培養した培養液を加え，ジャーファーメンターを用いて，37℃，通気量 1 L/min，撹拌数 300 rpm/min の条件下で培養する．
② OD_{600} が 0.5〜0.6 に達したとき，1 M IPTG を 2 mL 加える．この際に IPTG による発現誘導の確認を行うため，IPTG を加える

コンピテントセル
外から与えた外因性 DNA を取り込む能力が上昇した大腸菌．形質転換の方法によって調製法が異なる．今回は，ケミカルコンピテントセルを用いた．

BL21 (DE3) pLys
Novagen 製のコンピテントセル．BL21 (DE3) 株は，lacUV5 プロモーター下流に T7 RNA ポリメラーゼをもつ λDE3 が溶原化されている．lacUV5 プロモーターは，lac オペレーターによって支配されている．IPTG を加えることによって，lac リプレッサーが外れ，T7 RNA ポリメラーゼの発現が誘導される．pLys とはプラスミドの名称で，このプラスミドによって T7 リゾチームが発現される．T7 リゾチームは，T7 RNA ポリメラーゼのインヒビターである．前述の通り，T7 RNA ポリメラーゼの転写は，lac リプレッサーによって抑制されているのだが，このプロモーターは非常に強力なため，非誘導時にも微量の T7 RNA ポリメラーゼの転写が起こってしまう．T7 RNA ポリメラーゼ自体は，大腸菌にとって無毒であるが，それによって発現誘導されるタンパク質が，大腸菌に対して毒性をもつ場合がある．この場合，IPTG を加える前に，微量の T7 RNA ポリメラーゼによって発現誘導されたタンパク質の毒性によって，大腸菌の成育が止められてしまい，十分なタンパク収量が得られない．これを抑制することを目的として，pLys プラスミドから T7 リゾチームを発現させて，非誘導時の T7 RNA ポリメラーゼを不活性化し，T7 プロモーターからの転写を完全にシャットアウトする．

pT7-5-SSB
pT7-5 は，T7 プロモーターをもつプラスミドである．この T7 プロモーターの下流に SSB の遺伝子がクローニングされている．セレクションマーカーとしてアンピシリン耐性遺伝子をもつ．

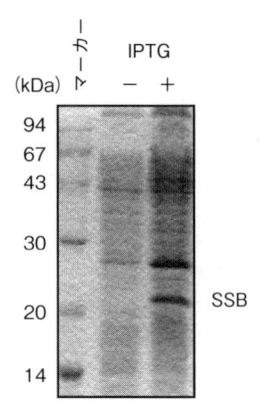

図1.1 IPTGによる発現誘導

IPTG
イソプロピル-β-チオガラクトピラノシドの略名で，lacリプレッサーに結合して，そのオペレーターへの結合を阻害し，lacオペレーター支配下のプロモーターからの転写をオンにする．

[注1]
大量発現したSSBは，細胞抽出液中では，mRNAに結合していると考えられている[2]．このリボヌクレアーゼA処理を行わないと，リン酸セルロースカラムを素通りしてしまう．

硫酸アンモニウムによる塩析
硫酸アンモニウムのタンパク質に対する塩析効果を利用して精製する方法．溶解度の高いタンパク質ほど，沈殿させる際に必要な硫酸アンモニウムの量は多くなる．

前の培養液を1 mLの分取し，遠心分離後，上清を除去し，残った沈殿にSDS-PAGEサンプルバッファーを加える．

③ 37℃で2.5時間培養後，8,000 rpmにて遠心分離を行う．その後，上清を除去して，集まった大腸菌を−80℃にて保存する．発現誘導を確認するため，1 mLの2.5時間培養後の培養液を分取し，遠心分離後，上清を除去し，残った沈殿にSDS-PAGEサンプルバッファーを加えて，②で調製したサンプルと一緒にSDS-PAGEを行う（図1.1）．

4. 細胞破砕と可溶性画分の抽出

① −80℃にて保存したサンプルを60 mLのバッファーAに懸濁し，10 mgのリゾチーム，10 mgのリボヌクレアーゼAを加えて，37℃で30分間インキュベートする．

② 懸濁液を氷上に移し，ソニケーター（Branson 250）を用いて，output 4, duty cycle 6, 5 min×3回の条件下で細胞壁の破砕を行う．

③ 37℃で30分間インキュベートする．この段階で，リボヌクレアーゼAが働き，細胞抽出液中のRNAが分解される[注1]．

④ 30,000 rpm, 4℃で1時間遠心分離を行う．

5. 硫酸アンモニウムによる塩析

① 遠心分離後，約80 mLの細胞抽出液に0.226 g/mLの濃度になるように硫酸アンモニウムをスターラーで撹拌しながらゆっくり加え，そのまま1時間撹拌する．この際に用いられる硫酸アンモニウムは，乳鉢と乳棒を用いて細かく粉砕したものを用いる．

② 12,000 rpmで20分間遠心分離をして，沈殿を回収する（図1.2）．

③ この沈殿物を0.2 g/mL硫酸アンモニウムを含む8 mLのバッファーBに懸濁し，氷中にてホモジナイザーを用いて洗浄した後，12,000 rpmで20分間遠心分離をして，沈殿を回収する（図1.2）．

④ さらに沈殿物を0.16 g/mL硫酸アンモニウムを含む8 mLのバッファーBに懸濁し，氷中にてホモジナイザーを用いて洗浄した後，12,000 rpmで20分間遠心分離をして，沈殿を回収する（図1.2）．

⑤ ④の操作を3回繰り返す（図1.2）．

⑥ 洗浄後の沈殿を200 mM NaClを含む20 mLのバッファーCに溶解し，2 LのバッファーCに対して，2回透析を行う．

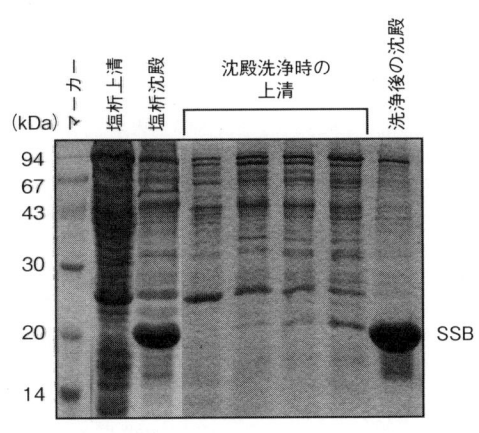

図1.2 硫酸アンモニウム沈殿による精製

6. リン酸セルロースカラムクロマトグラフィーによる精製

① 50 mMのNaClを含むバッファーCで平衡化したリン酸セルロースカラム（2.8×15 cm）に，透析後の内液をバッファーCで10倍希釈して負荷する．クロマトグラフィーは，ペリスタポンプを用いて流速0.5 mL/minで行う．

② 50 mMのNaClを含む300 mLのバッファーCでカラムを洗浄する．

③ 各300 mLの50 mMのNaClを含むバッファーCと600 mMのNaClを含むバッファーCを用いて直線的なNaClの濃度勾配をかけてSSBタンパク質を溶出する．その際，フラクションコレクターを用いて6 mLずつ分取する（100フラクション）．

④ ピークフラクションのSDS-PAGEを行い（図1.3），SSB画分を集める．

⑤ 集めたSSB画分を2LのバッファーCに対して，2回透析を

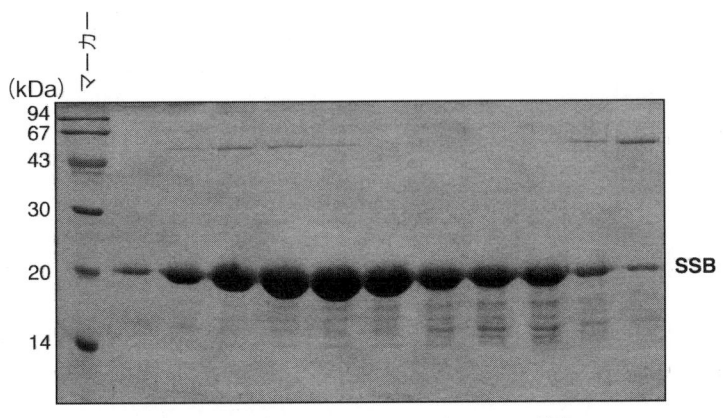

図1.3 リン酸セルロースカラムからのSSBの溶出

行う．

7. ヘパリンセファロースカラムクロマトグラフィーによる精製

① 50 mM の NaCl を含むバッファー C で平衡化したヘパリンセファロースカラム（0.8×15 cm）に，透析後の内液を負荷する．クロマトグラフィーは，ペリスタポンプを用いて流速 0.5 mL/min で行う．

② 50 mM の NaCl を含む 120 mL のバッファー C でカラムを洗浄する．

③ 各 120 mL の 50 mM の NaCl を含むバッファー C と 600 mM の NaCl を含むバッファー C を用いて直線的な NaCl の濃度勾配をかけて SSB タンパク質を溶出する．その際，フラクションコレクターを用いて 2.4 mL ずつ分取する（100 フラクション）．

④ ピークフラクションの SDS-PAGE を行い（図 1.4），SSB 画分を集める．

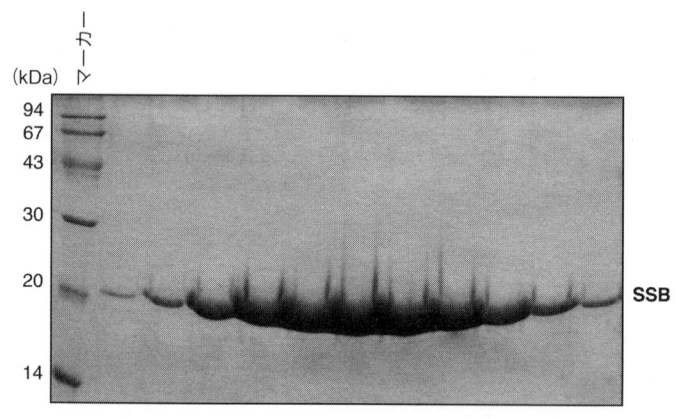

図 1.4 ヘパリンセファロースカラムからの SSB の溶出

⑤ 高純度の SSB を含む溶液を −80℃にて保存する．

〔杵渕　隆，清水　光弘〕

参 考 文 献
1) Kinebuchi, T. *et al.*: *Biochemistry*, **36**, 6732–6738, 1997.
2) Shimamoto, N. *et al.*: *Nucleic Acids Res.*, **15**, 5241–5250, 1987.

2

大腸菌 DnaA タンパク質の精製法

　染色体 DNA 複製の開始反応は，染色体上の複製開始領域と特異的なタンパク質とが重合した高次構造中で引き起こされる．この複合体中で DNA 二本鎖の局所的開裂（一本鎖化）が起こる．この反応が DNA ポリメラーゼを呼び込む引き金となる．大腸菌においては，DnaA タンパク質（以下 DnaA と呼ぶ）が複製開始複合体を形成し，複製開始反応を引き起こす．DnaA は真正細菌できわめて広く保存されている．大腸菌の DnaA は，467 アミノ酸残基からなる分子量 52 kDa の塩基性（pI 8.9）タンパク質である．また，DnaA は DNA 結合親和性をもつ．アデニンヌクレオチド（ATP と ADP）には特に高い親和性を有している．

　本章では，DnaA 多量発現プラスミドを用いて，大腸菌粗抽出液から硫酸アンモニウム沈殿，透析沈殿，グアニジン変性，ゲルろ過カラムクロマトグラフィーを経て，高純度かつヌクレオチド非結合型の DnaA を精製する方法を紹介する．透析沈殿をタンパク質精製に用いることは，あまり一般的ではないが，低塩濃度で自己凝集しやすい DnaA 特有の性質が効果的に利用されている．なお，DnaA は熱による失活を受けやすいので，操作中の温度に注意する．操作の手際（全体時間の短縮）も重要である．

準備するもの

1. 器具，機械
- 振とう培養機
- 遠心機
- 超遠心機
- スターラー
- マイクロチップ付きソニケーター（超音波処理装置）
- FPLC システム
- エバポレーター
- ジュワー瓶
- ビーカー
- プラスチック製メスシリンダー（冷蔵庫で冷やしておく）
- 透析チューブ

2. 試　　薬
- L-(+)-アラビノース： 40％ストック液を調製後，115℃で

15分間オートクレーブ滅菌し，室温保存する．
- アンピシリン： 100 mg/mL ストック液を調製後，ろ過滅菌し，−20℃で保存する．
- HEPES-KOH（pH 7.6）： 1 M ストック液を調製後，4℃で保存する．
- 酢酸マグネシウム，ジチオスレイトール（DTT），スペルミジン-3 HCl： 以上の3品目は，1 M ストック液を調製後，−20℃で保存する．
- リゾチーム（Egg white lysozyme，生化学工業製）： 250 mM KCl を含むバッファー C を用いて，25 mg/mL に要時調製する．
- EDTA-NaOH（pH 8.0）： 0.5 M ストック液を調製後，室温で保存する．
- KCl，硫酸アンモニウム： 以上の2品目は，2 M ストック液を調製後，室温で保存する．
- 液体窒素

3. カ ラ ム
- Superose 12 HR10/30（GE Healthcare Bio-Science 製）

4. 試薬の調製

2×バッファー C

		最終濃度
1 M HEPES-KOH（pH 7.6）	100 mL	100 mM
0.5 M EDTA（pH 8.0）	4 mL	2 mM
スクロース	400 g	40 %
全量	1,000 mL	4℃保存

必要量に応じて，DTT（最終濃度 2 mM）を加え，2倍希釈し，1×として使用する（4℃保存）．

バッファー C + 250 mM KCl

		最終濃度
2×バッファー C	25 mL	1×
1 M DTT	100 μL	2 mM
2 M KCl	6.25 mL	250 mM
全量	50 mL	4℃保存

2×バッファー D

		最終濃度
1 M HEPES-KOH（pH 7.6）	100 mL	100 mM
0.5 M EDTA（pH 8.0）	0.4 mL	0.2 mM
1 M 酢酸マグネシウム	20 mL	20 mM
スクロース	400 g	40 %

使用前に2倍希釈により1×に調製する．次に，フィルターろ過後，エバポレーターで脱気を行う．さらに，DTT を最終濃度 2 mM になるように加える．

2 M 硫酸アンモニウム	200 mL	0.4 M
全量	1,000 mL	4℃保存

4 M グアニジンバッファー		最終濃度
2×バッファーC	5 mL	1×
グアニジン塩酸塩	3.8 g	4 M
2 M 硫酸アンモニウム	3 mL	0.6 M
1 M 酢酸マグネシウム	0.1 mL	10 mM
1 M DTT	20 μL	2 mM
全量	10 mL	−20℃保存

各バッファーのメスアップにはミリQ水を用いる.

プロトコール

1. 前培養

① DnaA 多量発現プラスミド pKA234 をもつ MC1061 株のグリセロールストックから 50 μg/mL のアンピシリンを含む 50 mL の LB 培地 2 本に菌を接種する.

② 30℃で 1 晩振とう培養する.

2. 本培養

① 50 μg/mL のアンピシリンを含む 600 mL の LB 培地 12 本 (7.2 L) に前培養した菌液を,それぞれ 6 mL ずつ加える.

② 37℃で振とう培養する.

③ OD_{595} が 0.4〜0.6 に達したら,最終濃度が 1%になるようにアラビノースを加える(培養液 600 mL あたり 40%アラビノースを 15 mL 加える).アラビノースに依存した発現誘導を確認するため,アラビノースを加える直前の培養液を 1 mL 分注しておく.

④ 37℃で 2 時間振とう培養した後,培養液を 1 mL 分取する.次に培養液(約 400 mL)を 500 mL の遠沈管(6 本)に移し,5,000 rpm,4℃で 15 分間(日立製 RPR-9-2)遠心し,上清を捨てる.この操作をくり返し,全体の培養液を処理する.沈殿した菌体を下側にして,遠沈管を氷上に置く.培養液の残渣をピペットで除去する.また,遠沈管の内壁に残った培養液をキムワイプで拭き取る.

⑤ 少量(約 1 mL/遠沈管)の 250 mM KCl 含有バッファーC を加え,沈殿した大腸菌を均一になるように懸濁する.ガラス棒と

pKA234

pKA234 は ColE1 系のプラスミドであり,*araC* 遺伝子および *araB* プロモーターにつながれた *dnaA* 遺伝子がクローニングされている.また,発現効率を上げるため,*dnaA* 遺伝子の開始コドンは GTG から ATG に変換されている.さらに,T7 ファージ gp10 由来の SD 配列が付加されている.

MC1061 株

MC1061 株はアラビノースの代謝に関与する *ara* 遺伝子が欠損している.このため,アラビノースによるタンパク質発現誘導の効率を高める.

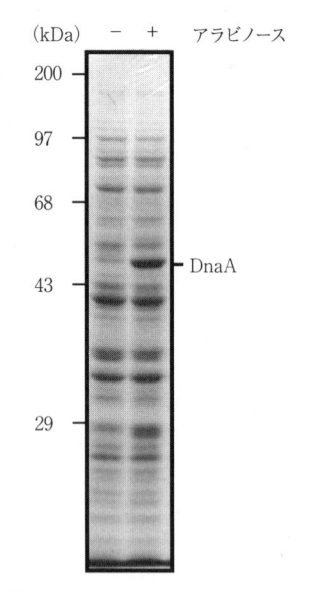

図 2.1 アラビノースによる DnaA の発現誘導
本実験では DnaA 遺伝子欠失株を用いた．MC1061 株でもほぼ同様，またはこれ以上の発現がみられる．

スペルミジン
スペルミジンは染色体 DNA を凝集させ，可溶性画分への混入を低下させる．

10 mL ピペットを用いるとやりやすい．懸濁後，1 本の遠沈管にまとめる．さらに，1 mL の 250 mM KCl 含有バッファー C で全ての遠沈管を洗い込む．同じバッファーを追加し，OD_{595} が約 200 になるようにする（約 50 mL）．

⑥ 10 mL ピペットを用いて，懸濁した菌液を 1 滴ずつ，ジュワー瓶に入れた液体窒素に落としていき，凍結させる．液体窒素を完全に除いた後，凍結した菌体（ポップコーンに似た形態となっている）をプラスチック容器に移し，$-80°C$ で保存する．ここでの操作では，液体窒素に直接触れないように注意すること．液体窒素が急速に気化するので，換気のよい部屋で行うこと．

⑦ 分注したサンプルを用いて発現誘導前後で，DnaA のバンド強度が強くなっていることを SDS-PAGE により確認する（図 2.1）．

3. 細胞破砕と可溶性画分の回収

① $-80°C$ に保存しておいた凍結菌体（約 50 mL）を氷上で解凍する．氷の中に埋める必要はない．ときどきガラス棒でゆっくり撹拌し，全体が融解したか確認する．

② 全体が融解した後，ピペットを用いて，菌体（懸濁液）をあらかじめ冷やしておいた超遠心チューブ（Beckman 製 355618）に分注する．菌体の分注は超遠心チューブ容積（26 mL）当たり 13〜20 mL になるようにする．後の操作でこのまま遠心するので，バランスを調整しておく．チューブごとに菌体懸濁液の体積を記録する．以下の操作は氷上で行う．

③ スペルミジン-3 HCl 最終濃度が 20 mM になるように加えて穏やかに撹拌する．

④ 泡が立たない程度によく撹拌しながら，最終濃度 200 μg/mL になるようにリゾチームを 4〜5 回に分けて加える．

⑤ 氷上で 30 分間静置する（10 分ごとにガラス棒で撹拌する）．

⑥ 超遠心用チューブを菌体懸濁液が入った部分まで液体窒素中に浸し，急速凍結させる（約 3 分間）．このときはチューブのフタを緩くしておくこと．長い（20 cm 程度）ピンセットでチューブの上端をもつなどして，液体窒素に手などが触れないようにする．内部まで凍結したかをガラス棒でサンプルをつついて確認する．なお，ここで実験を一旦停止する場合は，凍結サンプルを $-80°C$ に保存できる．

⑦ ビーカーに入れた冷水（4〜8°C）に浸けて解凍する（2〜3 時

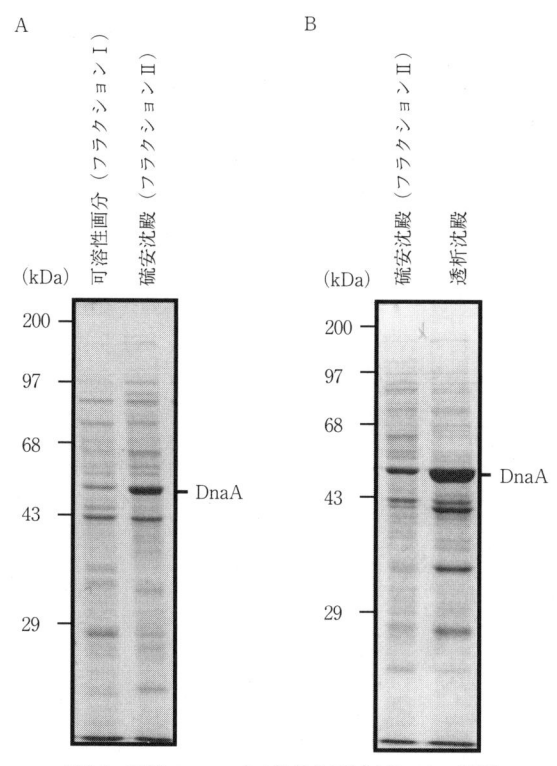

図 2.2 硫酸アンモニウム沈殿と透析沈殿による精製

(A: 可溶性画分（フラクション I）、硫安沈殿（フラクション I）)
(B: 硫安沈殿（フラクション II）、透析沈殿)

間)．ビーカーの水位はチューブのフタの部分より下にすること．内部まで完全に解凍したかを，ガラス棒をサンプルの中に入れて確認する．

⑧ チューブのフタをきちんと締めて，48,000 rpm，4℃で 20 分間（Beckman 製 70Ti）超遠心を行う．生じた上清（フラクション I，図 2.2A）の体積を冷えたプラスチック製メスシリンダーで素早く測定する．

⑨ スターラー上で氷水冷却しておいたビーカー（50 mL）にフラクション I を移す．フラクション I 中ではタンパク質が非常に不安定な状態にあるので，次の硫酸アンモニウムを溶かす行程までを迅速に行う．以下の操作は 4℃（低温室もしくは低温チャンバー内）で行う．

4. 硫酸アンモニウム沈殿による精製

① フラクション I をスターラーで泡の出ない程度によく撹拌しながら，細かく破砕した硫酸アンモニウムを最終濃度 0.22 g/mL になるまで，徐々に加えて溶解させる．

② 氷水で冷やしたまま，30 分間撹拌する．

③沈殿物を含む溶液を冷えた50 mL遠沈管に移し，18,000 rpm，4℃で20分間（Beckman製JA-20）遠心を行い，上清を捨てる．また，残渣をピペットマンで吸い取り除去する．なお，ここで実験を一旦停止する場合は，沈殿物を液体窒素で凍結させ，−80℃で保存できる．

④冷えた250 mM KClを含むバッファーCをフラクションI体積の1/12容量加え，ガラス棒で丁寧に沈殿を溶解する（フラクションII，図2.2A）．

5. 透析沈殿による精製およびグアニジンによる可溶化

①透析チューブ（SPECTRAPOR 18 mm×50 ft；MWCO＝app 3500）にサンプルを1〜2 mLずつ移し，サンプルが漏れないようにしっかりと透析膜のチューブ口を閉じる．4℃で行う．

②冷えたバッファーC（1〜2 L）の中にサンプルの入った透析チューブを浸す．スターラーで撹拌する．

③約12時間後（塩濃度はKCl 50 mM相当まで低下している）に透析チューブ内の沈殿物を含む溶液を1.5 mL超遠心チューブに500 μLずつ回収する．

④49,000 rpm，4℃で30分間（Beckman TLA 100.3）超遠心を行い，上清を捨てる．

⑤沈殿物の残ったチューブに，0.6 M硫酸アンモニウムを含む，冷えたバッファーCを500 μL（超遠心チューブ1本当たり）加え，ソニケーション（BRANSON CELL DISRUPTOR 200，output 2.5〜3.0）により沈殿物を懸濁する（図2.2B）[注1]．

⑥49,000 rpm，4℃で30分間（Beckman製TLA 100.3）超遠心を行い，上清を捨てる．なお，ここで実験を一旦停止する場合は，液体窒素で沈殿物を凍結させ，−80℃で保存できる．

⑦沈殿物の残ったチューブ（1本）に，グアニジンバッファー（4 Mグアニジン塩酸塩，10 mM酢酸マグネシウム，0.6 M硫酸アンモニウムを含む，冷えたバッファーC）を120 μL加え，ソニケーションにより，沈殿物を溶解させる[注2]．

⑧サンプルをオープントップ超遠心チューブ（2 mL）に移し，99,000 rpm，4℃で30分間（Beckman製TLA 100.3）超遠心を行い，上清を回収する（フラクションIII）．

⑨少量（1 μL）のフラクションIIIを分取し，ブラッドフォード法によりタンパク質濃度を定量する．このとき，タンパク質濃度が5〜20 mg/mLになっていることを確認する．タンパク質濃度が高

ソニケーション
この操作は，DnaAが低塩濃度で凝集沈殿してしまうと，その後，高塩濃度のバッファーで可溶化しにくくなるという性質を利用した精製手法である．

[注1]
ソニケーターによる沈殿物の懸濁は，サンプルの入ったチューブを氷水上で冷やしながら行う．また，超音波の出る先端部分が熱をもたない程度の時間（1〜2秒間）で，沈殿物の破砕を繰り返す．ソニケーターを使用するときは，防音を行い，使用者は耳栓をして使用する．

[注2]
グアニジンはDnaAの可溶化のため，変性剤として使用している．

い場合は，同じバッファーで希釈する．低い場合は，上記5.⑥の他のチューブの沈殿物を溶解し調整する．

6. ゲルろ過カラムクロマトグラフィーによる精製

①FPLCにSuperose-12カラム（GE Healthcare Bio-Science製 FPLC HR 10/30）を装着し，冷えたバッファーDを用いてカラムを平衡化する．この際は，流速を0.2 mL/min以下に設定し，2カラムボリューム（CV）当量（50 mL）のバッファーDを使用する．4℃で行う．

②100～200 μLのフラクションIIIを，平衡化したSuperose-12カラムに添加し，1 CV当量（25 mL）のバッファーDで溶出する．その際，流速は0.2 mL/minを用いる．1フラクション当たり0.25 mLずつ分画する．

③ボイド画分近くとモノマー画分（50 kDa付近）にUV吸収ピークが見られる．モノマー画分のピークフラクションを5 μLずつ分取し，SDS-PAGEによりDnaAを確認し，高純度のフラクションを集める（フラクションIV，図2.3 A）．DnaAはリン脂質と結合しやすいため一部がリポソームと複合体となり，ボイド画分付近に溶出する．

④集めたフラクションについて，ブラッドフォード法による濃

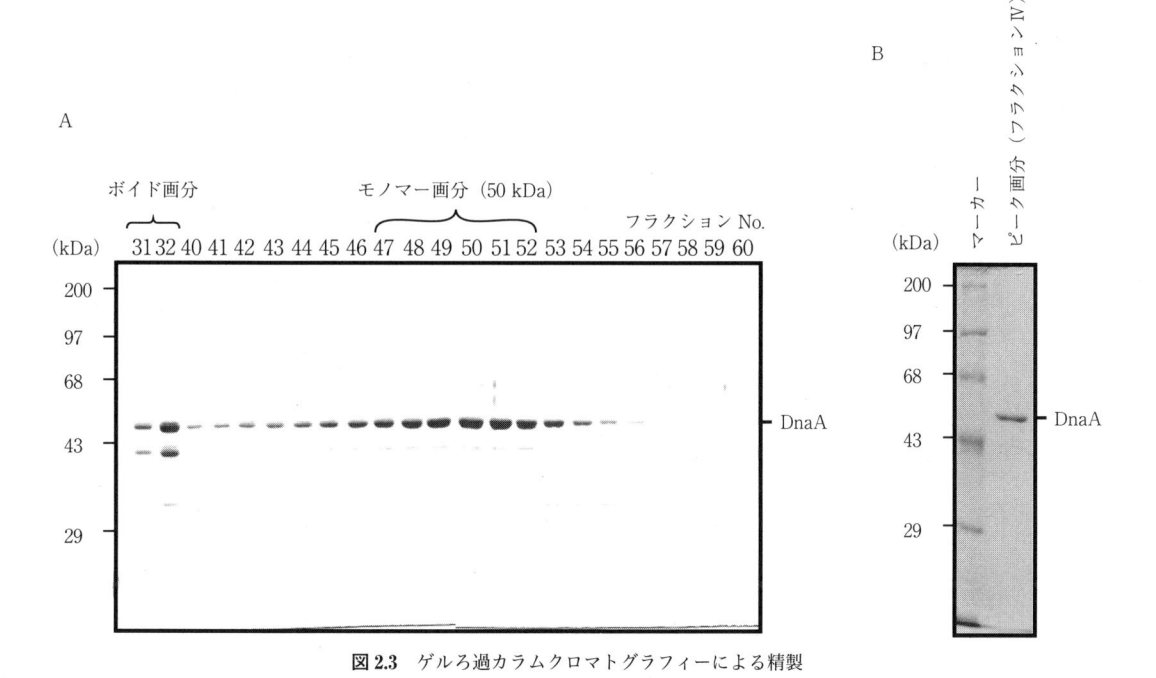

図2.3 ゲルろ過カラムクロマトグラフィーによる精製

度測定と SDS-PAGE による純度確認を行う（図 2.3 B）．

⑤ 集めたフラクションを使用量に合わせて細かく分注し，液体窒素で凍らせた後に−80℃で保存する．DnaA は凍結／解凍を繰り返すことで，活性が低下するので，細かい分注が必要とされる．

⑥ さらに DnaA が必要な場合は，プロトコール 5.⑥ の残りの沈殿物を用いて，同様の操作を行う．

〔毛谷村賢司，尾崎　省吾，片山　勉〕

参 考 文 献

1) Takata, M. *et al.*: *Mol. Microbiol.*, **35** (2), 454-462, 2000.
2) Kubota, T. *et al.*: *Biochem. Biophys. Res. Commun.*, **232**, 130-135, 1997.

3

大腸菌相同組換えタンパク質 RecA の精製

　相同的 DNA 組換えとは，互いに相同な 2 つの DNA 分子の間で DNA 情報が組換えられる現象のことである．この現象は，普遍的に全ての生物に見られ，生物の遺伝的多様性の獲得や DNA 損傷の修復に重要な役割を果たしている．大腸菌の相同的 DNA 組換えにおいて中心的役割を果たしているのが，RecA タンパク質（以下 RecA）である．大腸菌 RecA は相同的 DNA 組換えに関わるタンパク質の中で最も研究が進んでおり，353 アミノ酸残基からなる分子量 37,973 のタンパク質である．

　近年リコンビナントタンパク質は，ヒスチジンタグ（His タグ）や GST タグを用いた融合タンパク質として発現・精製することが多いが，本章では，大腸菌抽出液から，Polymin-P 沈殿や硫酸アンモニウム沈殿などの古典的な生化学的手法を用いた RecA の抽出・精製方法を紹介する．また，カラムクロマトグラフィーにおいても，アフィニティーカラム，ゲルろ過カラム，そして陰イオン交換カラムといった一般的に広く用いられているものを使用する．このように，RecA の精製法は，タンパク質精製の基本的操作を多く含んでいる．

準備するもの

1. 器具，機械
- 振とう培養機
- 超遠心機
- 高速遠心機
- スターラー
- ホモジナイザー
- エコノカラム
- フラクションコレクター
- ペリスタポンプ
- FPLC

2. 試　薬
- IPTG（イソプロピル-β-D-チオガラクトピラノシド）： 1 M ストック液を調製後，ろ過滅菌し，−20℃で保存する．
- アンピシリン： 100 mg/mL ストック液を調製後，ろ過滅菌

し，−20°Cで保存する．
- トリス（ヒドロキシメチル）アミノメタン（Tris）
- スクロース
- DTT（ジチオスレイトール）：1Mストック液を調製後，−20°Cで保存する．
- EDTA
- リゾチーム
- KCl
- Brij 58（Polyoxyethylene Hexadecyl Ether，ナカライテスク製）
- Polymin-P（Polyethylenimine，Sigma製）
- 2-メルカプトエタノール
- グリセリン
- NaCl
- K_2HPO_4，KH_2PO_4：1M K_2HPO_4と1M KH_2PO_4を調製し，2つを混合し，pH 7.5に合わせ1Mリン酸バッファーとする．
- LB培地

3. カラム

- ハイドロキシアパタイト DNA Grade Bio-Gel HTP Gel（Bio-Rad製）
- Superdex 200（GE Healthcare Bio-Science製）
- MonoQ（GE Healthcare Bio-Science製）または DE52（Whatman製）

4. 試薬の調製

バッファー A		最終濃度
1 M Tris-HCl（pH 7.5）	2.5 mL	50 mM
スクロース（w/v）	5 g	10 %
全量	50 mL	

バッファー B		最終濃度
1 M Tris-HCl（pH 7.5）	2.5 mL	50 mM
0.5 M EDTA（pH 8.0）	100 μL	1 mM
2-メルカプトエタノール	44.25 μL	10 mM
100% グリセリン	5 mL	10 %
全量	50 mL	

バッファーC		最終濃度
1 M リン酸バッファー（pH 7.5）	20 mL	20 mM
2-メルカプトエタノール	885 μL	10 mM
100% グリセリン	100 mL	10 %
全量	1,000 mL	

バッファーD		最終濃度
1 M リン酸バッファー（pH 7.5）	100 mL	500 mM
2-メルカプトエタノール	177 μL	10 mM
100% グリセリン	20 mL	10 %
全量	200 mL	

TEM バッファー		最終濃度
1 M Tris-HCl（pH 7.5）	80 mL	20 mM
0.5 M EDTA（pH 8.0）	40 mL	5 mM
2-メルカプトエタノール	1.77 mL	5 mM
100% グリセリン	400 mL	10 %
全量	4,000 mL	

プロトコール

1. 形質転換

- コンピテントセル： 大腸菌 MV 1184 株
- プラスミド DNA： pMI 994-RecA

① コンピテントセル MV1184 100 μL にプラスミド pMI 994-RecA 1 μL を加える．
② 氷上で 30 分放置する．
③ 42℃で 45 秒インキュベートする．
④ 氷上で 2 分放置する．
⑤ LB 培地を 900 μL 加える．
⑥ 37℃で 1 時間インキュベートする．
⑦ 3,000 rpm で 5 分間遠心する．
⑧ 上清を 800 μL 捨て，沈殿を再懸濁した後に，100 μg/mL のアンピシリンを含む LB プレートに塗布する．
⑨ 37℃で約 16 時間培養する．

2. 前培養

① コロニーを 1 つ拾い 30 mL の 100 μg/mL のアンピシリンを

コンピテントセル
外来の DNA を取り込む能力をもつ受容菌で，プラスミド DNA などを取り込むことができる．化学的に処理したケミカルコンピテントセルと，電気ショックによって DNA を取り込むエレクトロコンピテントセルがあり，今回はケミカルコンピテントセルを用いている．

MV 1184
recA 遺伝子を欠損した株である．

pMI 994-RecA
pMI 994 は，pKK 223 をもとにつくられたベクターで，tac プロモーターをもっており，IPTG により RecA の発現誘導を高レベルで行うことができる．また，セレクションマーカーとしてアンピシリン耐性遺伝子をもつ．

アンピシリン
抗生物質の一種．細菌の細胞壁合成を阻害する．β-ラクタマーゼにより分解されるため，β-ラクタマーゼ遺伝子を獲得した細菌はアンピシリン耐性となる．

IPTG
大腸菌ラクトースオペロンの遺伝子発現を誘導する物質．*lac* プロモーターもしくは *tac* プロモーターの下流に目的遺伝子を組み込むことにより，IPTG での発現誘導が可能となる．

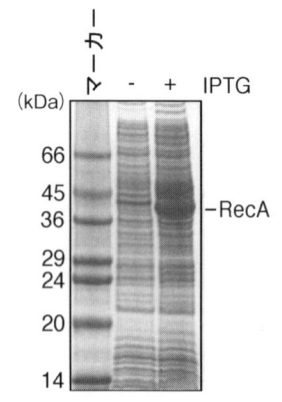

図 3.1 IPTG による RecA タンパク質の発現誘導

DTT
還元剤．タンパク質の SH 基の保護や，タンパク質内部およびタンパク質-タンパク質間でのジスルフィド結合の切断に用いられる．

リゾチーム
細菌細胞壁の *N*-アセチルムラミン酸と *N*-アセチルグルコサミン間の β1→4 結合を加水分解する酵素である．

Brij 58
$C_{16}H_{35}$．非イオン性界面活性剤の一種で，細胞膜の破壊に使用する．

含む LB 培地に加える．

② 37℃で約 16 時間振とう培養する．

3. 本培養

① 100 μg/mL のアンピシリンを含む 1.5 L の LB 培地 2 本に，前培養した培養液をそれぞれ 15 mL ずつ加える．培養時の通気をよくするため，培地の量はフラスコの半分以下にした方がよい．通常 1.5 L の LB 培地による培養は，5 L のバッフル付きフラスコにて行う．

② 37℃で振とう培養する．

③ OD_{600} が 0.4〜0.6 になったら最終濃度が 1 mM になるように IPTG を加える．IPTG による発現誘導の確認のために，IPTG を加える前の培養液を 1 mL 分注しておく．

④ 37℃で 4 時間振とう培養した後に，3,000 rpm（Beckman 製，JLA 10,500 ローターで 1,673×g）で 20 分間遠心し，上清を捨てる．IPTG による発現誘導後の培養液を 1 mL 分注し，発現誘導前後で RecA のバンドが濃くなっていることを SDS-PAGE により確認する（図 3.1）．

⑤ 沈殿した大腸菌にバッファー A を 43 mL 加え，菌体が均一になるように懸濁し（全量 55 mL），−80℃で保存する．

4. 細胞破砕と可溶性画分の回収

① 前日，−80℃に保存しておいたサンプルを溶解する．この細胞の凍結融解の過程でも細胞破砕されるので，融解後の操作はすべて氷上または 4℃で行う．

② 1 M DTT を 0.55 mL（最終濃度 10 mM），0.1 M EDTA を 0.55 mL（最終濃度 1 mM），10 mg/mL リゾチームを 2.1 mL 加え緩やかに撹拌し，氷上で 30 分間静置する．

③ 2 M KCl を 2.75 mL（最終濃度 100 mM）加えた後，Brij 58 を 192 μL（最終濃度 0.35%）加え緩やかに撹拌し，氷上で 30 分間静置する．Brij 58 は常温では固体なので，温めて溶かして使用する．

④ 100,000×g で 1 時間超遠心を行い，上清（50 mL）を回収する．

5. Polymin-P 沈殿と硫酸アンモニウム沈殿による精製

① スターラーで撹拌しながら，Polymin-P を 150 μL（最終濃度 0.3%）ゆっくり加え，そのまま 20 分間撹拌する．

② 13,000 rpm（Beckman 製，JA20 ローターで 20,442×g）で 20 分間遠心し，沈殿を回収する．

③ Polymin-P 沈殿に 0.5 M NaCl を含むバッファー B 30 mL を加え，沈殿をホモジナイザーを用いて再懸濁する．沈殿を，泡立てないように注意しながら十分に再懸濁する．

④ 13,000 rpm で 20 分間遠心し，沈殿を回収する．

⑤ Polymin-P 沈殿に 1 M NaCl を含むバッファー B 20 mL を加え，沈殿を再懸濁する．この過程で 1 M NaCl によって DNA とともに Polymin-P によって共沈殿していた RecA を上清に回収する．

⑥ 13,000 rpm で 20 分間遠心し，上清を回収する．

⑦ スターラーで撹拌しながら，50％飽和度となるよう乳鉢で細かく粉砕した硫酸アンモニウムをゆっくり加え，そのまま 1 時間撹拌する．硫酸アンモニウムは薬さじなどを用いてできるだけゆっくり加えること．ゆっくり加えないと，局所的に硫酸アンモニウムの濃度が濃くなり，不純物が RecA とともに共沈して取り除けなくなる（図 3.2 B，＊は除去困難な不純物のバンドを示す）．

⑧ 13,000 rpm で 20 分間遠心し，沈殿を回収する．

⑨ 沈殿をバッファー C 20 mL に溶解する．Polymin-P 沈殿後と硫酸アンモニウム沈殿後のサンプルを SDS-PAGE により分析し，精製が進んでいることを確認する（図 3.2 A）．

Polymin-P 沈殿
ポリエチレンイミンで DNA に直接結合し，DNA とともに沈殿を生じる．これにより，DNA 結合タンパク質も一緒に沈殿させることができる．

硫酸アンモニウム沈殿
硫酸アンモニウム（硫安）を用いた塩析によりタンパク質を沈殿させ，分画する方法．

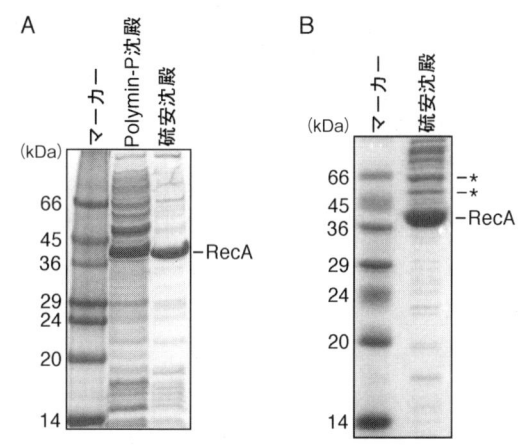

図 3.2 Polymin-P 沈殿と硫酸アンモニウム沈殿による精製

6. ハイドロキシアパタイトカラムクロマトグラフィーによる精製

① バッファー C で平衡化したハイドロキシアパタイトカラム（2.5×20 cm）に，硫酸アンモニウムによって沈殿した RecA タンパク質の溶解液を負荷する．クロマトグラフィーは，ペリスタポン

ハイドロキシアパタイト
$Ca_{10}(PO_4)_6(OH)_2$．リン酸基に親和性をもつタンパク質の分離などによく用いられる．Ca^{2+} と PO_4^{3-} が，タンパク質と静電的に相互作用して結合する．タンパク質によって結合能と分離能が異なる．

プを用いて流速 0.5 mL/min にて行う．ハイドロキシアパタイトの粉末は，不均一な粒子が多く含まれるので，カラムに詰める前に蒸留水に懸濁し，樹脂が沈殿したら微細粒子を含む上清を捨てる操作（デカンテーション）を最低3回は繰り返す．

② サンプルを負荷したハイドロキシアパタイトカラムをバッファー C 500 mL で洗浄する．

③ バッファー C とバッファー D をそれぞれ 150 mL 用いて，直線的なリン酸カリウムの濃度勾配によって RecA タンパク質を溶出する．その際，フラクションコレクターを用いて，3.75 mL ずつフラクションを分取する（80 フラクション）．

④ タンパク質のピークフラクションを SDS-PAGE により分析し，RecA タンパク質を確認する（図 3.3）．

⑤ RecA タンパク質が高濃度で存在するフラクションを集める．

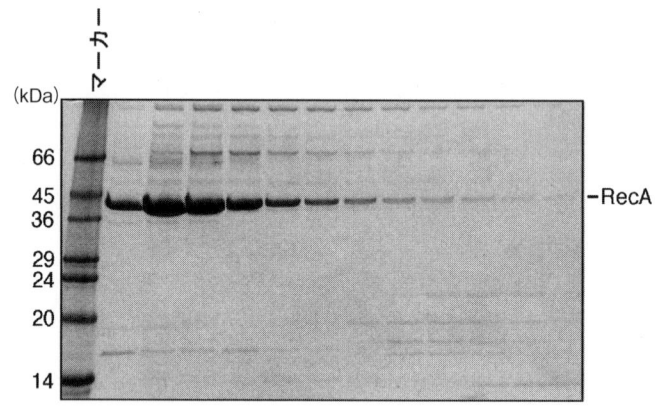

図 3.3 ハイドロキシアパタイトカラムクロマトグラフィーからの溶出

7. ゲルろ過カラムクロマトグラフィーによる精製

① 1 M NaCl を含む TEM バッファーを用いて Superdex 200 を平衡化する．2 カラムボリューム（CV）当量の TEM バッファーを使用する．

② ハイドロキシアパタイトカラムから溶出したサンプルを，平衡化した Superdex 200 に負荷し，1.5 CV 当量の 1 M NaCl を含む TEM バッファーで溶出する．その際，ピークフラクションを 0.5 mL ずつ分取する．

③ タンパク質のピークフラクションを SDS-PAGE によって分析し，RecA タンパク質を確認する（図 3.4）．

④ 高純度の RecA を含むフラクションを集め，2 L の TEM バッファーに対して透析を 4℃にて行う．8 時間透析を行った後，新し

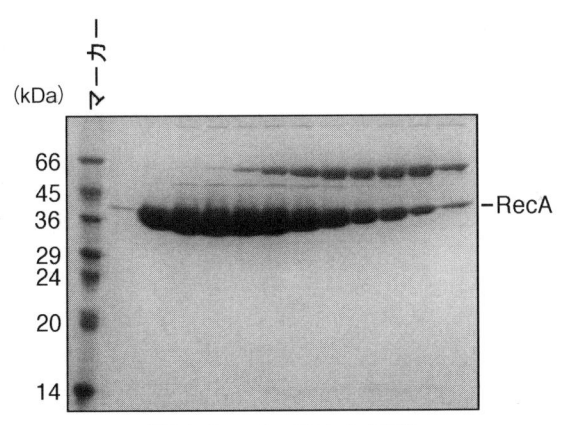

図 3.4 Superdex 200 による精製

い 2 L の TEM バッファーに対して再度透析を 4℃にて行う．

8. MonoQ カラムクロマトグラフィーによる精製

① TEM バッファー（10 CV）にて平衡化した 1 mL MonoQ カラムに，TEM バッファーに対して透析した Superdex 200 から溶出した RecA タンパク質を負荷する．クロマトグラフィーは，流速 0.5 mL/min にて行う．

② RecA タンパク質を負荷した MonoQ カラムを，TEM バッファー（10 CV）によって洗浄する．

③ TEM バッファーを用いて，0 M から 1 M まで NaCl 濃度を直線的に上昇させ，10 CV 当量のバッファーを用いて RecA タンパク質を溶出する．その際，0.5 mL ずつフラクションを分取する．

④ タンパク質のピークフラクションを SDS-PAGE によって分析し，RecA タンパク質を確認する（図 3.5）．

⑤ 高純度の RecA タンパク質を含むフラクションを分取し，2 L の TEM バッファーに対して 2 回透析を 4℃にて行う．

⑥ 透析後の RecA タンパク質は 4℃にて保存する．

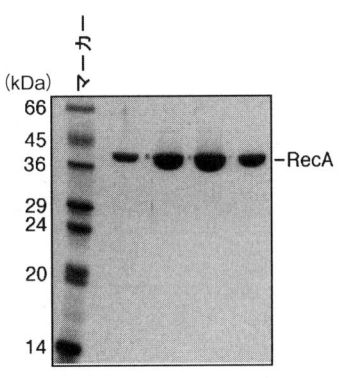

図 3.5 MonoQ による精製

〔滝沢　由政，胡桃坂仁志〕

4

大腸菌の RecBCD 相同組換え酵素の精製法

　RecBCD 酵素は，大腸菌において二本鎖 DNA を末端から分解する酵素であるが，同時にカイ配列と呼ばれる特定の塩基配列（5′-GCTGGTGG）によって，相同組換えを促進する組換え酵素へと機能を変える[1]．すなわち，この酵素はヘリケース，ATP 加水分解酵素，DNA 分解酵素（ヌクレアーゼ）として機能する，マルチファンクショナルな酵素である．これを構成する3つのサブユニットは，RecB（134 kDa），RecC（129 kDa），RecD（67 kDa）の異なる遺伝子産物であり，それぞれ1分子のヘテロ三量体として機能している（図 4.1）[2]．RecB サブユニットと RecD サブユニットにはヘリケースモチーフがあり，それぞれのサブユニットに単独でヘリケース活性がある．面白いことに，その進行方向は互いに異なっており，RecB サブユニットは 3′→5′ 方向に，RecD サブユニットは 5′→3′ 方向に進みながら DNA を巻き戻す[3]．RecB サブユニットはその C 末にヌクレアーゼドメインをもち，これによってこの酵素は DNA 分解酵素として機能している．その DNA 分解酵素活性は，DNA 上のカイ配列によって調節されている．この酵素は，1秒間におよそ 1,000 bp（塩基対），また一度の反応で 20〜30 kbp（キロ塩基対）もの DNA を巻き戻すことが知られており，この反応は顕微鏡下でリアルタイムでも観察されている[4〜6]．

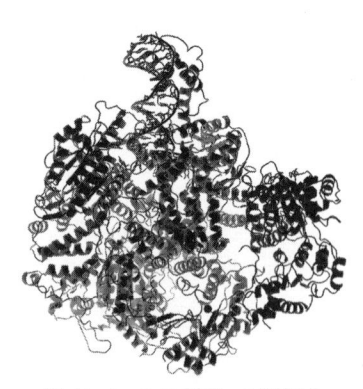

図 4.1 RecBCD 酵素の立体構造[2]

準備するもの

1. 器具，機械
- オートクレーブ
- 遠心用チューブ
- 恒温室（大き目の振とう培養機）
- 吸光度計
- インキュベーター
- 大型遠心機
- エッペンドルフチューブ用遠心機
- 超遠心機（Beckman 製）
- スターラー
- レブコ
- ÄKTA プライム（GE Healthcare Bio-Science 製）
- シンチレーションカウンター

- SDS-PAGE 装置
- ÄKTA FPLC（GE Healthcare Bio-Science 製）

2. 試　薬

- LB 培地（1% トリプトン，0.5% 酵母エキス，0.5% NaCl，pH 7.5）
- IPTG
- 抗生物質（アンピシリン，クロラムフェニコール，スペクチノマイシン）
- NaCl
- 1 M Tris-HCl（pH 7.5）
- 0.5 M EDTA（pH 8.0）
- スクロース
- ジチオスレイトール（DTT）
- 1 M リン酸バッファー（pH 7.5，1 M K_2HPO_4 と 1 M KH_2PO_4 を混合してつくる）
- リゾチーム
- Brij 35
- PMSF（phenylmethylsulfonyl fluoride）
- グリセリン

3. カラム

- Q-セファロースカラム（GE Healthcare Bio-Science 製）
- ハイドロキシアパタイトカラム（Bio-Rad 製）
- ssDNA セルロースカラム（セルロースに ssDNA を固定）
- MonoQ カラム（GE Healthcare Bio-Science 製）

4. 試薬の調製

リシス（Lysis）バッファー		最終濃度
1 M Tris-HCl（pH 7.5）	10 mL	20 mM
スクロース	125 g	25 %
5 M NaCl	10 mL	100 mM
0.5 M EDTA	0.1 mL	0.1 mM
1 M DTT	0.05 mL	0.1 mM
全量	500 mL	

バッファー B		最終濃度
1 M Tris-HCl (pH 7.5)	20 mL	20 mM
0.5 M EDTA	0.2 mL	0.1 mM
1 M DTT	0.1 mL	0.1 mM
全量	1 L	

これに適当な濃度となるように，NaClを加える．

バッファー C (50 mM)		最終濃度
1 M K_2HPO_4	42 mL	50 mM
1 M KH_2PO_4	8 mL	
1 M DTT	0.1 mL	0.1 mM
全量	1 L	

バッファー C (400 mM)		最終濃度
1 M K_2HPO_4	336 mL	400 mM
1 M KH_2PO_4	64 mL	
1 M DTT	0.1 mL	0.1 mM
全量	1 L	

プロトコール

1. 大腸菌での大量発現系

RecBCD酵素を構成する3つの遺伝子をIPTGの添加によって誘発できるプラスミドが報告されている[7]．これらを使ってRecBCD酵素を精製する方法を以下に紹介する．

2. 大腸菌の培養

大腸菌（変異酵素を調製しているときを除いて，必ずしもrecBCD欠損株を用いる必要はない．ここではrecBCD遺伝子欠損株，V330を使った）にpPB800とpPB520を形質転換によって導入する．また，RecBCDの発現は細胞にとって毒性をもつので転写の漏れを抑えるために$lacI^q$遺伝子をもつpMS421を一緒にもたせておくとよい．これらのプラスミドを形質転換した大腸菌をプラスミドを選択する薬剤入りのLB培地100 mLに拾い，1晩培養する．翌日このうち80 mLを8 Lの同じ薬剤入りLB培地に移して，さらに培養する．このとき培養液の濁度を継時的に調べ，OD_{600}の値が0.5になったところでIPTGを終濃度1 mMで加える．また，RecBCD酵素の誘導を確認するために少量のサンプルをとってお

pPB800プラスミドは，強力な*tac*プロモーターの下流に*recB*遺伝子と*recD*遺伝子がつながれている．また抗生物質アンピシリンの耐性遺伝子をもつ．pPB520プラスミドは同じく*recC*遺伝子と抗生物質クロラムフェニコール耐性遺伝子をもつ．pMS421プラスミドは*lacI*^{q}遺伝子と抗生物質スペクチノマイシン耐性遺伝子をもつ．

く．IPTG 添加後 3～4 時間培養を続け，タンパク質の誘導を調べるためにサンプルをとった後，培養液を遠心して細胞を沈殿させ重さをはかる．最終 OD_{600} の値が 400（あるいは，細胞 1 g に対して 2.05 mL（2.05 mL/g cells と表記））となるように，リシスバッファー（50 mM Tris-HCl（pH 7.5），10%スクロース）を加えて室温，または氷上で溶かし，均一になるように混ぜる．精製を始めるまで－80°C にて保存する．沈殿させた細胞の質量（g）と懸濁後の最終体積（mL）を記録しておく．

精製を始める前に，IPTG 添加前と添加・誘導後のサンプルから細胞破砕液を調製して，SDS-PAGE にて RecBCD 酵素の発現を確認しておく．

3. 細胞破砕と硫酸アンモニウム沈殿による分画

① cell lysis（細胞の溶解）の前に，ビーカー（100～200 mL）と遠心管を 4°C に冷やしておく．

② 凍った細胞を氷上にて解凍する．以下の操作はすべて氷上か低温室で行う．

③ 培養時の遠心後の細胞 1 g に対して 0.6 mL（以後 0.6 mL/g cells と表記）のリゾチーム溶液（5 mg/mL リゾチーム，0.25 M Tris-HCl（pH 7.5））を加えて混ぜる．

④ 1.3 mL/g cells の 25 mM EDTA（pH 8）を加えて混ぜた後，10 分間氷上に置く．

⑤ 2.5 mL/g cells の Brij 溶液（1% Brij 35，50 mM Tris-HCl（pH 7.5），2 mM DTT）を加えて混ぜる．10 分間氷上に置く．

> 1%の Brij 溶液は，透明な溶液にはならない．オートクレーブをかけないと溶けないが，SDS 同様「泡」が出やすいので注意する．

⑥ ここまでの総溶液量に対して，セリンプロテアーゼインヒビターの 1 つである PMSF 溶液（10 mg/mL）を，1 mL に対して 5 μL の割合で加えて混ぜた後，20 分間氷上に置く．

⑦ 得られた細胞溶解液を Ti45 ローター（Beckman 製）にて，4°C，35,000 rpm で 45 分間超遠心，あるいは 20,000 rpm で 90 分の遠心を行い上清を回収する．

> この間に次のステップで使用する Q-セファロースカラム（200 mL）の準備をしておく．カラムに対して 2 倍量のバッファー B_{2000} でカラムを洗い，バッファー B_{100} に変えて平衡にして 1 晩おく．

⑧ 上清の量を記録し，OD_{260} と OD_{280} の値をはかっておく．得られたライセート（細胞破砕液）について，ATP 依存性ヌクレアーゼ活性（後述）を測定する（2 μL を使用）．

⑨ ライセート 1 mL に対して 0.282 g の硫酸アンモニウム（硫安）を，氷室で撹拌しながら 30 分以上かけて少しずつ加えて溶かし，さらに 30 分間ゆっくり撹拌を続ける．

⑩ 8,000 rpm で 20 分遠心した後，沈殿を硫安沈殿前の 1/4 量の

バッファー B_{100}（バッファー B に 100 mM となるように NaCl を加えたもの）に懸濁する．

⑪ 2 L のバッファー B_{100} に対して 2 回透析する（2 回目は 1 晩透析）．

4. Q-セファロースカラムクロマトグラフィーによる精製

① 透析バッグからサンプルを取り出し，澄んでいることを確認する．もし濁っているようなら，カラムにのせるにはタンパク質の濃度が高いので透明になるまでバッファー B_{100} で希釈する．OD_{260} と OD_{280} を測定する．2〜5 μL を用いて ATP 依存性ヌクレアーゼ活性を測定する．

② Q-セファロースカラムにタンパク質サンプルを負荷する．30〜40 mL（8 L の培養時）のサンプルボリュームで 250〜300 mL 程度のカラムを用いる．流速は 1 カラムボリューム（CV）/h 程度で行い，サンプルを負荷し終えたら流速を 2 CV/h 程度に上げる．カラムからの溶出サンプルを UV 検出器でモニターする．OD_{280} の値が上昇してくる辺りから OD_{280} の値が 0 になる（フラットになる）までカラムに結合しなかった「フロースルー」画分を回収する．

③ OD_{280} の値が 0 になってから，カラムをバッファー B_{100} で 2 CV 程度洗う．

④ タンパク質の溶出を 10 CV のバッファー B で，100〜600 mM の NaCl 濃度勾配で行う．このとき，RecBCD 酵素は 350〜400 mM NaCl 辺りに溶出されるので，100 mM NaCl のバッファー B_{100} でカ

Q-セファロースカラムを流している間に次のハイドロキシルアパタイトカラムの準備をする．ビーカーの中で適当量の BioGel HTP 粉末（Bio-Rad 製）をバッファー C_{50} に懸濁し，静置後上清を捨て再びバッファー C_{50} に懸濁する．これを内径 2.5 cm のカラムにつめる（およそ 75 mL のカラムを作成）．1 晩かけてバッファー C_{50} でカラムを平衡化しておく．

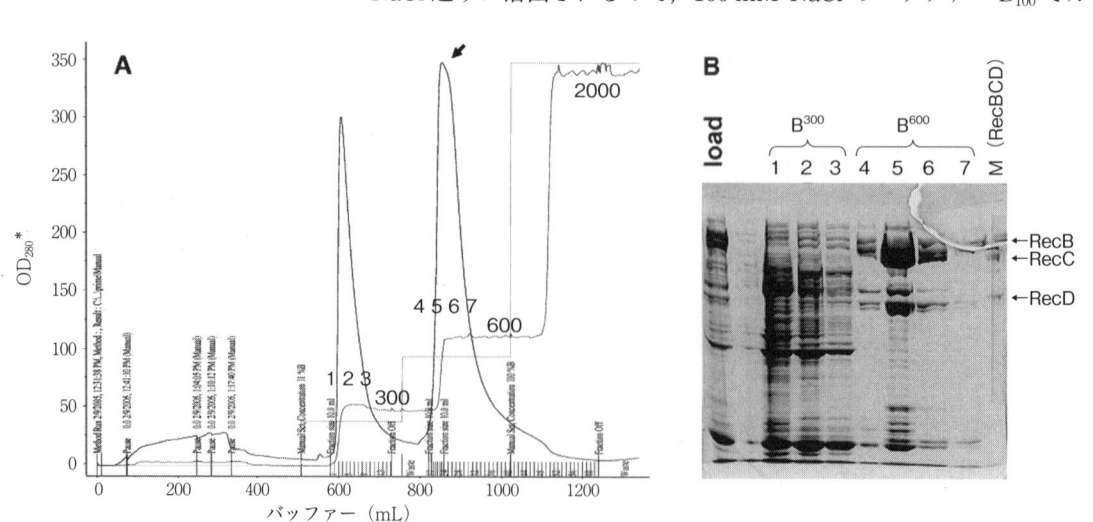

図 4.2 Q-セファロースカラムでのタンパク質溶出パターン（A）とそのときの SDS-PAGE ゲル像（B）2 段階の高塩濃度バッファー（300 mM と 600 mM NaCl）で溶出したときのものを示す．矢印は，RecBCD 酵素の溶出位置．*…（ただし）タンパク質の溶出パターンについて．このグラフには，塩濃度勾配も同時に示されている．

ラムを洗った後，300 mMと600 mM NaClの2段階で溶出するのも効果的である．フラクションサイズは10 mL程度で，流速は洗いのときと同じように行う（図4.2）．

⑤ どのフラクションに目的のタンパク質が溶出されているか決めるために，10 μLのサンプルを使ってヌクレアーゼアッセイを行う．

⑥ ATP依存的なヌクレアーゼ活性のあったフラクションを回収する．

⑦ 2LのバッファーC_{50}で1晩透析する．途中で一度バッファーを交換する．

> ここでPEG 20,000による濃縮も可能である．その際には透析バッグの外に固形PEGを平らなバットに敷きつめて4℃で2時間置く．バッグを洗い，サンプルをバッグの下によせてクリップを留め直し，さらに2LのバッファーC_{50}で透析する．

5. ハイドロキシアパタイトカラムクロマトグラフィーによる精製

① 透析バッグからサンプルを回収する．OD_{260}とOD_{280}の値をはかっておく．得られたサンプル5 μLと10 μLを使用して，ATP依存性のヌクレアーゼ活性を測定する．

② ハイドロキシルアパタイトカラムにサンプルを負荷する．およそ70 mLのサンプルになっている．流速は2 CV/hで行い，フロースルー画分を回収する．

③ フロースルー画分を回収し，カラムをバッファーC_{50}でOD_{280}の値が0になるまで洗う．流速はそのままでよい（2 CV/h）．

④ タンパク質の溶出を10 CVのバッファーCで，50〜400 mMのKPi濃度勾配で行う．フラクションサイズは5 mL程度で，流速は洗いのときと同様に行う．

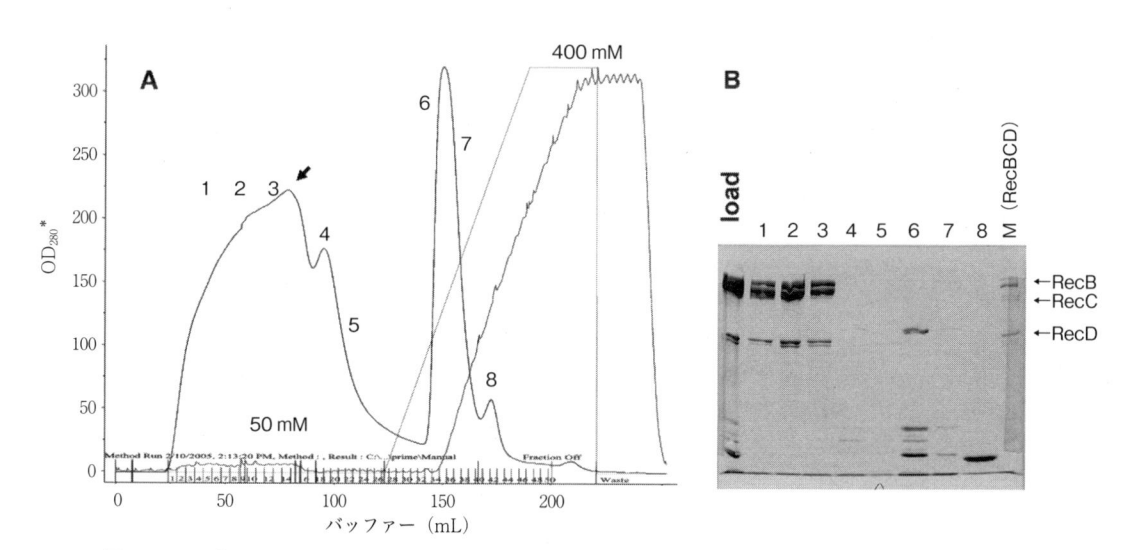

図4.3 ハイドロキシアパタイトカラムでのタンパク質溶出パターン（A）とそのときのSDS-PAGEゲル像（B）矢印は，RecBCD酵素の溶出位置．＊…ただし塩濃度勾配と同時表示．

透析している間に，次のssDNAセルロースカラムの準備をする．2カラムボリュームのバッファーB_{2000}でカラムを洗い，その後1晩かけてバッファーB_{100}でカラムを平衡化しておく．

⑤目的のタンパク質はおそらくフロースルー画分に出てくるか，あるいは濃度勾配をかけた最初の方のフラクションに溶出される．10 μLのサンプルを使用してヌクレアーゼアッセイを行い，適当なフラクションを回収する（図4.3）．

⑥2LのバッファーB_{100}で1晩透析する．途中で一度バッファーを交換する．

6. ssDNAセルロースカラムクロマトグラフィーによる精製

①透析バッグからサンプルを回収する．OD_{260}とOD_{280}の値をはかっておく．得られたサンプル5 μLと10 μLを使用して，ATP依存的ヌクレアーゼ活性を測定する．

②ssDNAセルロースカラムにタンパク質サンプルを負荷する．カラムサイズは180 mL程度，負荷するサンプルボリュームは回収するフラクションの数によるが70 mLほどになる．流速は2 CV/hで行い，フロースルー画分を回収する．

③カラムをバッファーB_{100}でOD_{280}の値が0になるまで洗う．流速は洗いのときと同じでよい．

④カラムにバッファーB_{700}を入れてタンパク質を溶出する．溶出のフラクションサイズは10 mL程度で行う．流速はロードのときと同じでよい．

⑤カラムにバッファーB_{2000}を入れてカラムを洗う．流速とフラクションサイズはロードのときと同じでよい．バッファーB_{700}とバッファーB_{2000}の両方から溶出されたサンプルについて，5 μLと

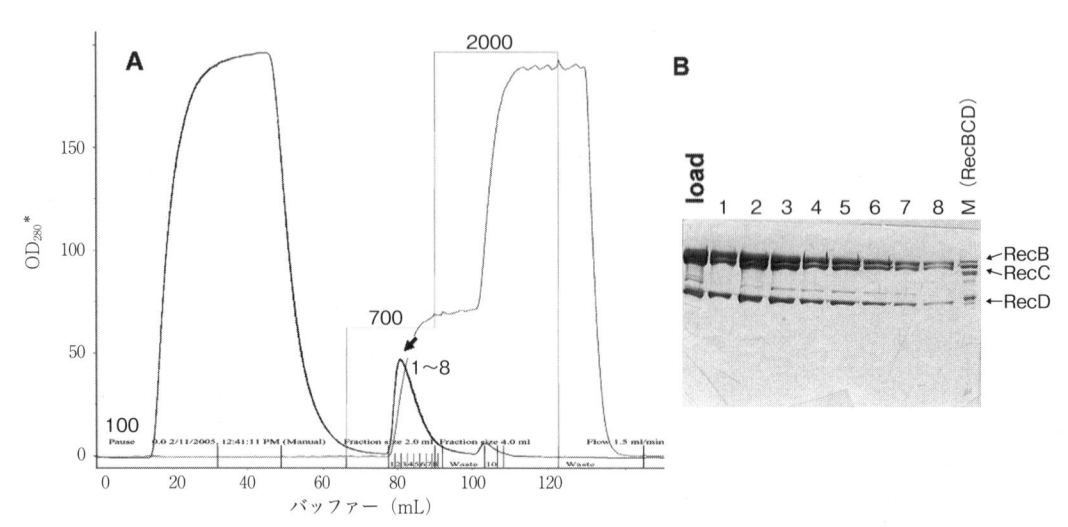

図4.4 ssDNAセルロースカラムでのタンパク質溶出パターン（A）とそのときのSDS-PAGEゲル像（B）矢印は，RecBCD酵素の溶出位置．＊…ただし塩濃度勾配と同時表示．

10 μL を使って ATP 依存的なヌクレアーゼ活性を測定し,適当なフラクションを回収する(図4.4).

⑥ 直ちに 2 L のバッファー B_{100} で 1 晩透析する.途中で一度バッファーを交換する.

7. MonoQ カラムクロマトグラフィーによる精製

① 透析バッグからサンプルを回収し,0.2 μm のフィルターを通した後,サンプルループを用いて,MonoQ カラム(GE Healthcare Bio-Science 製)に負荷する.流速は 1.5～3 mL/min 程度.フラクションサイズは 1 mL で行う.

② バッファー B_{100} で OD_{280} の値がベースラインに戻るまで洗う.その後 300 mM から 450 mM の直線的な NaCl 濃度勾配によってタンパク質を溶出する.このとき,2つの近いピークが現れた場合,どちらかのピークが RecBCD 酵素(ヌクレアーゼ活性がある)で

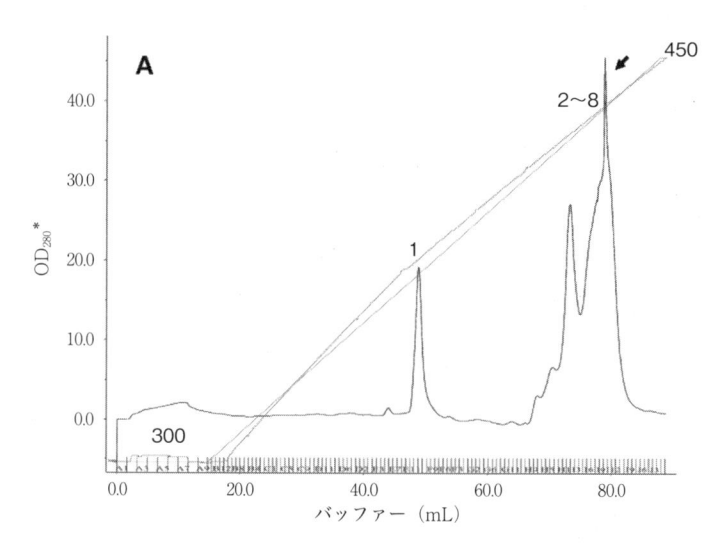

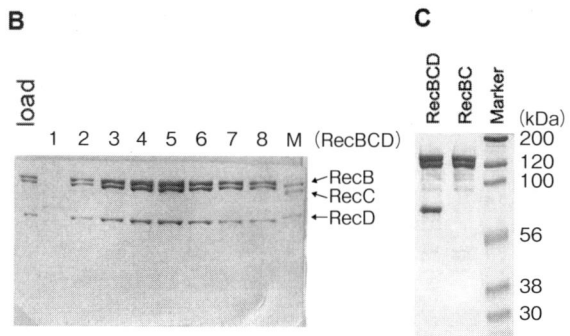

図 4.5 MonoQ カラムでのタンパク質溶出パターン(A)とそのときの SDS-PAGE ゲル像(B)と最終精製品の SDS-PAGE ゲル像(C)
矢印は,RecBCD 酵素の溶出位置.＊…ただし塩濃度勾配と同時表示.

このステップは RecBCD と混入しているRecBC タンパク質とを分けるために行う．

あり，もう一方はヌクレアーゼ活性のない RecBC タンパク質，あるいは不活性な RecBCD 酵素である．どのフラクションを回収するか決めるために，ヌクレアーゼアッセイと SDS-PAGE を行う（図 4.5）．

③直ちに 50％グリセロール入りのバッファー B_{100} で 1 晩透析する．途中で一度バッファーを交換する．透析後，サンプルを回収したら RecBCD 酵素の濃度と収量を，吸光度（モル吸光係数＝$4.0×10^5$ M/cm at 280 nm）として求める．適当に分注後，−80℃にて保存する．

8. ヌクレアーゼアッセイ

原理：トリチウムラベルされた長い DNA（例えば大腸菌染色体 DNA）は，トリクロロ酢酸（TCA）存在下で沈殿となる．しかし，モノヌクレオチドレベルにまで分解された DNA は沈殿しないで溶液中に残される．これを利用して細胞内，あるいは精製されたタンパク質のヌクレアーゼ活性を測定することができる．

1×バッファー		最終濃度
1 M Tris-HCl（pH 8.5）	0.5 mL	50 mM
1 M $MgCl_2$	0.1 mL	10 mM
100 mM DTT	67 μL	0.67 mM
20 mM 3H（トリチウム）DNA	10 μL	20 μM
200 mM ATP	25 μL	500 μM
全量	10 mL	

①調べたいサンプル当たり 300 μL の反応液を調整する．
②37℃で 20 分間インキュベートする．
③15 μL の 15〜20 mg/mL の子ウシ胸腺 DNA を加えて混ぜ，氷上に置く．
④300 μL の 15％ TCA（トリクロロ酢酸）を加えて混ぜる．
⑤氷上に 5〜10 分おく．
⑥4℃で 15 分間遠心する．
⑦上清 500 μL を 5 mL のシンチレーションカクテル液に加え，トリチウムの放射活性を測定する．

コントロールは，「酵素なし（0％）」と「TCA なし（100％）」で，今回のように必要に応じて例えば ATP の有無で活性の違いを比較する．ポジティブコントロールとネガティブコントロールの範囲内で各サンプルの相対値を求め，何％のトリチウムが可溶性画分（上清）にあるかを計測する．

付記：ビオチン化 RecBCD 酵素の精製

最近筆者らは，この酵素を構成する RecD サブユニットの N 末にビオチンが結合するようなペプチドを付加しておき，ここに小さ

な蛍光ビーズ（ビーズ径40 nm, Molecular Probe 製）を結合させ，RecBCD 酵素の DNA 上での動きを1分子レベルで視覚化することに成功した[4]．ビオチン化はこの蛍光ビーズを付加するためであるが，精製にモノアビジンカラムを用いることで操作を簡略化できた．野生型大腸菌はタンパク質をビオチン化する酵素をもっているので，培地中に終濃度 11.3 μM でビオチン（ビタミン H）を添加することでビオチン化シグナルをもつタンパク質をビオチン化することができる．私たちは，今回紹介した方法で Q-セファロースカラム精製まで行い，その後リン酸バッファーに透析後，モノアビジンカラム（Roche 製）1 mL に通し，ビオチン化された RecBCD 酵素を精製した（図 4.6）．

RecBCD 酵素は，大量精製した場合や変異型の酵素を精製した場合に GroEL タンパク質が相互作用したまま得られるが，このビオチン化した RecBCD 酵素精製においても GroEL タンパク質が一緒に精製された（GroEL 抗体（Sigma 製）を用いて，ウェスタンブロッティングにて確認した[4]）．

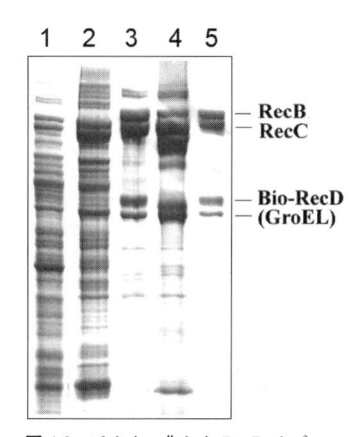

〔半田　直史〕

図 4.6 ビオチン化した RecD サブユニットをもつ RecBCD 酵素の精製過程での SDS-PAGE ゲル像
1：IPTG 誘導後の細胞破砕液，2：Q-セファロースカラムへのロードサンプル，3：Q-セファロースカラムでの RecBCD 酵素溶出フラクションプール，4：アビジンカラムへのロードサンプル，5：アビジンカラムでの RecBCD 酵素溶出フラクションプール．

謝　辞

ここで紹介した大腸菌の RecBCD 酵素の精製法は，カリフォルニア大学の Stephen Kowalczykowski 博士の研究室で行っていた方法である．Koalczykowski 博士と研究室で一緒に精製してきた共同研究者の皆様，特に図の作成を手伝っていただいた Liang Yang さんに感謝いたします．

参 考 文 献

1) Kowalczykowski, S.C. et al.: *Microbiol. Rev.*, **58**, 401-465, 1994.
2) Singleton, M.R. et al.: *Nature*, **432**, 187-193, 2004.
3) Dillingham, M.S., Spies, M. and Kowalczykowski, S.C.: *Nature*, **423**, 893-897, 2003.
4) Handa, N. et al.: *Mol. Cell*, **4**, 745-750, 2005.
5) Spies, M. et al.: *Cell*, **114**, 647-654, 2003.
6) Bianco, P.R. et al.: *Nature*, **409**, 374-378, 2001.
7) Boehmer, P.E. and Emmerson, P.T.: *Gene*, **102**, 1-6, 1991.

5

大腸菌 RecQ DNA ヘリケースの精製

　大腸菌 *recQ* 遺伝子は，分子量 66,433 からなる DNA ヘリケースをコードしており，ゲノム DNA の安定性維持に重要な働きをしている[1]．近年，大腸菌 RecQ タンパク質（以下 RecQ）のアミノ酸配列と高い相同性をもつ DNA ヘリケースが，ヒトを含むさまざまな生物種より発見され，これらは RecQ ヘリケースファミリーと呼ばれている．ヒトにおいては少なくとも 5 つの RecQ ファミリーに属するヘリケースが存在し，そのうちの 3 つ（BLM，WRN，RECQL4）は，それぞれブルーム症候群，ウェルナー症候群，ロスモンド-トムソン症候群と呼ばれる遺伝性疾患の原因遺伝子であることが明らかになり注目を集めている．

　DNA ヘリケースは，一般に ATP 加水分解によって得られるエネルギーを使って二本鎖 DNA を一本鎖 DNA に巻き戻す活性をもっている．また，生物はさまざまなタイプの DNA ヘリケースをもっており，それぞれ結合する DNA の構造特異性や DNA 上を移動する方向性などに違いが見られる．このような活性は，DNA 複製や DNA 相同組換え，DNA 修復などの過程で重要な働きを担っていることから，それらを精製し生化学的性質を明らかにすることは生体内における機能を知る上で重要である．本章では，RecQ ヘリケース本来の性質に基づいた精製法を紹介する．したがって，本章で述べる精製法は，RecQ ファミリー以外のヘリケースやヌクレオチド結合タンパク質の精製などにも応用が可能であると考えられる．

準備するもの

1. 器具，機械
    - 恒温振とう培養装置
    - 大容量遠心分離機
    - ビーカーおよびスターラー
    - 透析チューブ
    - 超音波細胞破砕機（UD-201，TOMY 製）
    - AKTA FPLC
    - SDS-PAGE 装置一式

2. 試　　薬
    - IPTG（イソプロピル-β-D-チオガラクトピラノシド）
    - クロラムフェニコール：エタノールに溶解し 30 mg/mL ス

トック液を調製する．
- アンピシリン： 滅菌水に溶解し 100 mg/mL ストック液を調製する．
- トリス（ヒドロキシメチル）アミノメタン（Tris）
- グリセリン
- スクロース
- DTT（ジチオスレイトール）
- 2-メルカプトエタノール
- NaCl
- K_2HPO_4 および KH_2PO_4： 調製した 1 M K_2HPO_4 と 1 M KH_2PO_4 を混合し，pH 6.8 に合わせ 1 M リン酸バッファーとする．
- EDTA
- 硫酸アンモニウム
- Polymin-P（polyethylenimine, Sigma 製）
- Benzonase（nuclease, Novagen 製）
- Triton X100（Sigma 製）
- LB 培地（1% トリプトン，0.5% 酵母エキス，1% NaCl, pH 7.5）

3. カラム

- HiLoad 26/60 Superdex 200（GE Healthcare Bio-Science 製）
- HiPrep 16/10 Phenyl FF（GE Healthcare Bio-Science 製）
- ハイドロキシアパタイト Econo-Pac CHT-II（Bio-Rad 製）
- HiTrap Heparin HP（GE Healthcare Bio-Science 製）
- RESOURCE Q（GE Healthcare Bio-Science 製）

4. 試薬の調製

バッファー A		最終濃度
1 M Tris-HCl（pH 7.5）	5 mL	50 mM
スクロース（w/v）	10 g	10 %
全量	100 mL	

バッファー B		最終濃度
1 M リン酸バッファー（pH 6.8）	20 mL	20 mM
0.5 M EDTA（pH 8.0）	2 mL	1 mM
1 M DTT	1 mL	1 mM
100% グリセリン	100 mL	10 %
全量	1,000 mL	

大腸菌 BL21（DE3）株

lacI 遺伝子と lacUV5 プロモーターの支配下に T7 の RNA ポリメラーゼ遺伝子を含む λ ファージを溶原化した株．IPTG の培地への添加により，T7 RNA ポリメラーゼの産生が誘導され，次にこの RNA ポリメラーゼに特異的で強力な φ10 プロモーターからの転写が促進される．

pSQ211

pET8c ベクターの T7 ファージ φ10 プロモーターの下流に *recQ* 遺伝子を挿入したプラスミド．

pLysE（Novagen 製）

pACYC184 ベクター上に T7 ファージ由来のリゾチーム遺伝子が挿入されたプラスミド．T7 リゾチームは，T7 RNA ポリメラーゼの機能を阻害するため，非誘導時の φ10 プロモーターからの転写の"漏れ"を抑制する．pLysE の他に pLysS があり，pLysE の方がリゾチームの発現量が多く，転写の抑制効果も高い．

バッファー C		最終濃度
1 M リン酸バッファー（pH 6.8）	500 mL	500 mM
0.5 M EDTA（pH 8.0）	2 mL	1 mM
1 M DTT	1 mL	1 mM
100% グリセリン	100 mL	10 %
全量	1,000 mL	

RQ バッファー		最終濃度
1 M Tris-HCl（pH 8.0）	20 mL	20 mM
0.5 M EDTA（pH 8.0）	2 mL	1 mM
2-メルカプトエタノール	500 µL	7 mM
100% グリセリン	100 mL	10 %
全量	1,000 mL	

ストックバッファー		最終濃度
1 M Tris-HCl（pH 8.0）	20 mL	20 mM
0.5 M EDTA（pH 8.0）	2 mL	1 mM
1 M DTT	1 mL	1 mM
1 M NaCl	50 mL	50 mM
100% グリセリン	500 mL	50 %
全量	1,000 mL	

プロトコール

1. 形質転換

- コンピテントセル： 大腸菌 BL21（DE3）株
- プラスミド DNA： pSQ211-RecQ および pLysE

① コンピテントセル BL21（DE3）100 µL にプラスミド pSQ211-RecQ および pLysE を各 1 µL 加えて混合する．

② 氷上で 30 分放置する．

③ 42℃で 45 秒インキュベート後，氷上で 2 分放置する．

④ LB 培地を 900 µL 加える．

⑤ 37℃で 1 時間インキュベートする．

⑥ 遠心（3,000 rpm，5 分間）して集菌する．

⑦ 上清を捨て，沈殿を再懸濁した後，100 µg/mL のアンピシリンと 30 µg/mL のクロラムフェニコールを含む LB プレートにまく．

⑧ 37℃で約 16 時間培養する．

2. 前培養

コロニーを1つ拾い，100 μg/mL のアンピシリンと 30 μg/mL のクロラムフェニコールを含む 30 mL の LB 培地に加える．37°C で約 16 時間振とう培養する．

3. 本培養

① 100 μg/mL のアンピシリンと 30 μg/mL のクロラムフェニコールを含む 1.5 L の LB 培地 2 本に前培養した培養液を，それぞれ 15 mL ずつ加える．

② 37°C で振とう培養後，$OD_{600}=0.4\sim0.6$ になったら温度を 18°C に下げ，最終濃度が 1 mM になるように IPTG を加える．その後，18°C で 16 時間培養する．一般に低温条件下での培養は，タンパク質発現量が低下するが，タンパク質の可溶性が向上するため，不溶性タンパク質には特に有効である．

③ 培養液を 5,000 rpm（Beckman 製，JA-10 ローター）で 15 分遠心し，上清を捨てる．IPTG による RecQ の発現誘導を SDS-PAGE により確認する（図 5.1）．誘導後であっても，RecQ の発現量は少ない．

IPTG
ラクトース類似体として機能し，IPTG が lac レプレッサーと結合することで lac プロモーターの下流に組み込んだ目的遺伝子に対する抑制を解除する．

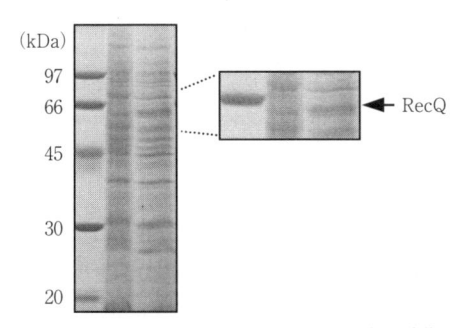

図 5.1 IPTG による RecQ タンパク質の発現誘導

④ 沈殿した大腸菌をバッファー A 50 mL で再懸濁後，再度 5,000 rpm（Beckman 製 JA-20 ローター）で 15 分間遠心し，ペレットを −80°C で保存する．

4. 細胞破砕と Polymin-P および硫酸アンモニウム沈殿

① ペレット融解後の操作はすべて氷上または 4°C で行う．−80°C に保存したペレットを取り出し 60 mL の RQ バッファーに懸濁する．緩やかに撹拌しながら 10% Triton X-100 を 600 μL（最終濃度 0.1%）および Benzonase（最終濃度 25 units/mL）を加える．

② 超音波細胞破砕機により大腸菌を破砕する．このとき，サン

Triton X-100
非イオン性界面活性剤の一種．細胞膜の破壊やタンパク質の可溶性の向上に働く．

Benzonase
一本鎖および二本鎖の核酸に作用して，5′-P 末端をもつオリゴヌクレオチドを生成させるエンドヌクレアーゼ．

Polymin-P 沈殿
一般に DNA とともに沈殿を生じる．本研究では，低濃度の Polymin-P 処理により，DNA のみを沈殿させ，RecQ は上清に分画される．

プルの温度が上昇しないように，また泡立たないように注意する．

③ 40,000×g（Beckman 製 JA-20 ローター）で 30 分間遠心を行い，上清（60 mL）を回収する．

④ スターラーで撹拌しながら，上清に 10% Polymin-P をゆっくり加える（最終濃度 0.04%），そのまま 30 分間撹拌する．

⑤ 15,000 rpm（Beckman 製 JA-20 ローター）で 20 分間遠心し，上清を回収する．0.04% の Polymin-P では，核酸は沈殿するが，RecQ は上清に分画される．

⑥ スターラーで撹拌しながら，50% 飽和度となるように乳鉢で細かく粉砕した硫酸アンモニウムをゆっくり加え，そのまま 1 時間以上撹拌する．

⑦ 15,000 rpm で 20 分間遠心し，沈殿を回収する．この沈殿は，−80℃で数ヶ月保存が可能である．

5. 疎水性相互作用クロマトグラフィーによる精製

疎水性相互作用クロマトグラフィー
生体分子の疎水性の違いによって精製する方法で，いくつかの疎水性の異なるリガンドをもつ担体を試して，最適なリガンドを見つける必要がある．担体への結合は高塩濃度の条件下で行われるため，硫酸アンモニウム沈殿やイオン交換カラムの後のステップに適している．

① 沈殿を 1 M 硫酸アンモニウムを含む RQ バッファー 40 mL に溶解する．1 M 硫酸アンモニウムを含む RQ バッファー（4 CV）にて平衡化した 20 mL フェニルセファロースカラムに，RecQ を含む溶解液（40 mL）を負荷する．クロマトグラフィーは流速 1 mL/min にて行う．

② カラムを洗浄（4 CV）後，10 CV 当量の RQ バッファーを用いて，1 M から 0 M まで硫酸アンモニウム濃度を直線的に減少させ，0 M 後も 3 CV 当量の RQ バッファーによってタンパク質を完全に溶出する．その際，フラクションコレクターを用いて，4 mL ずつフラクションを分取する．

③ 各フラクションを SDS-PAGE により分析し，RecQ を確認する（図 5.2）．RecQ は，150〜0 mM 硫酸アンモニウム濃度に相当する広範囲のフラクションに含まれている．この時点では RecQ の精

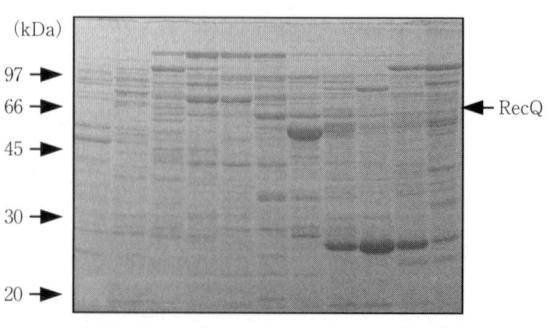

図 5.2 フェニルセファロースカラムからの溶出

製度が低いため，recQ 遺伝子を持たないベクタープラスミドを用いて同様の操作を行い，RecQ のバンドを確認した．

④ RecQ を含むフラクションを集め，3 L の RQ バッファーに対して透析を 4℃で 10 時間以上行う．

6. ヘパリンセファロースクロマトグラフィーによる精製

① RQ バッファーによって平衡化した 1 mL ヘパリンセファロースカラム（HiTrap Heparin HP）に，透析したサンプルを負荷する．流速は 0.5 mL/min で行う．

② RQ バッファー（5 CV）によってカラムを洗浄する．

③ 20 CV 当量の RQ バッファーを用いて，0 M から 1 M まで NaCl 濃度を直線的に上昇させ，RecQ を溶出する．RecQ は 300〜400 mM の NaCl 濃度で溶出する．その際，1 mL ずつフラクションを分取する．

④ 各フラクションを SDS-PAGE によって分析し，RecQ を確認する（図 5.3）．

ヘパリン
グルコサミノグリカンであるヘパラン硫酸の一種．DNA 結合タンパク，血液凝固因子，ステロイドレセプターなどに高い結合特異性を示す．

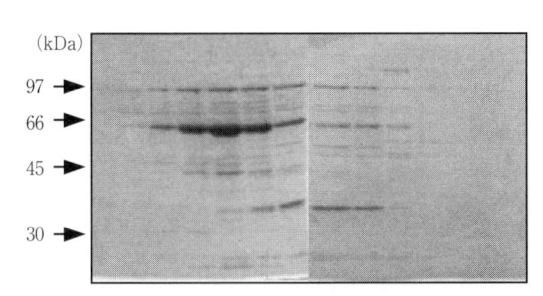

図 5.3　ヘパリンカラムからの溶出

7. ゲルろ過カラムクロマトグラフィーによる精製

① 0.5 M NaCl を含む RQ バッファー（2 CV）を用いて Superdex 200（HiLoad 26/60 Superdex 200 pg）を平衡化する．

② ヘパリンセファロースカラムより溶出した RecQ を含むサンプル（〜10 mL）を平衡化した Superdex 200 に負荷し，1 CV 当量の 0.5 M NaCl を含む RQ バッファーで溶出する．その際，流速 1 mL/min で，80〜240 分間のフラクションを 2 mL ずつ分取する．

③ 各フラクションを SDS-PAGE によって分析し，RecQ を確認する（図 5.4）．

④ RecQ を含むフラクションを集め，2 L のバッファー B に対して透析を 4℃で 10 時間以上行う．

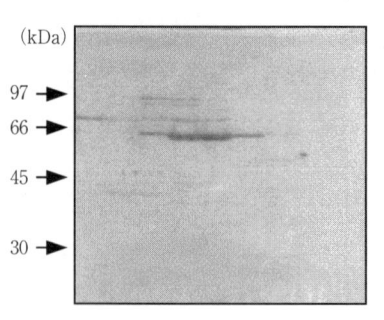

38　I　大腸菌タンパク質の精製法

図5.4　Superdex 200 による精製

ハイドロキシアパタイト
$Ca_{10}(PO_4)_6(OH)_2$. Ca^{2+} と PO_4^{3-} が，タンパク質表面のカルボキシル基とアミノグループに対して静電的に相互作用し，複合体を形成する．Econo-Pac CHT-II（Bio-Rad 製）カラムは，アダプターを用いるとAKTA FPLCへ接続が可能である．

8. ハイドロキシアパタイトクロマトグラフィーによる精製

① バッファーBによって平衡化したハイドロキシアパタイトカラムに，透析したサンプルを負荷する．流速は0.5 mL/minで行う．

② バッファーB（5 CV）によってカラムを洗浄する．

③ バッファーBとバッファーCを用いて，20 mMから500 mMまでの直線的なリン酸カリウムの濃度勾配（10 CV当量）によって溶出する．その際，1 mLずつフラクションを分取する．

④ 各フラクションをSDS-PAGEによって分析し，RecQを確認する．

⑤ RecQを含むフラクションを集め，2 LのRQバッファーに対して透析を4℃で10時間以上行う．

9. RESOURCE Q カラムによる精製

① RQバッファーによって平衡化した1 mL RESOURCE Qカラムに，透析したサンプルを負荷する．流速は0.5 mL/minで行う．

② RQバッファー（5 CV）によってカラムを洗浄する．

③ 10 CV当量のRQバッファーを用いて，0 Mから1 MまでNaCl濃度を直線的に上昇させ，RecQを溶出する．その際，1 mL

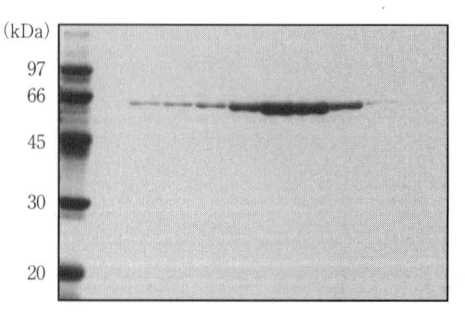

図5.5　RESOURCE Q による精製

ずつフラクションを分取する．

④ 各フラクションをSDS-PAGEによって分析し，RecQを確認する（図5.5）．

⑤ RecQを含むフラクションを集め，ストックバッファー1Lに対して透析を1晩行う．透析後のRecQは−30℃に保存する．

〔菱田　卓〕

参考文献

1) Hishida, T. *et al.*: *Genes & Dev.*, **18**, 1886–1897, 2004.

6

酵母からのDNA結合タンパク質（RPA）の精製方法

　酵母は細胞壁をもっているため，タンパク質の調製には物理的に細胞壁を含めた菌体全体を破砕する方法と酵素で細胞壁を消化してから界面活性剤で細胞膜を破砕する方法が用いられる．タンパク質の精製を目的とする場合は，大量の菌体を処理する必要があるため，物理的に破砕する方法が一般的である．研究材料としては，出芽酵母（*Saccharomyces cerevisiae*, *Pichia pastoris* など）と分裂酵母（*Schizosaccharomyces pombe*）がよく用いられる．ここではマイクロチューブスケールでどの酵母にも共通した，物理的に菌体を破砕しタンパク質を抽出するための方法を述べた後，DNA結合タンパク質として出芽酵母の一本鎖DNA結合タンパク質RPA（replication protein A）の精製方法を紹介する．

　S. cerevisiae のRPAは，DNAの複製や組換えに関与し生育に必須な115 kDaのタンパク質であり，70 k，36 k，14 kDaの3種類のポリペプチドが1：1：1からなるサブユニット構造を形成している．ここでは，Alaniらの報告[1]を基に筆者が改良した精製方法を述べる．

1） 酵母からの粗タンパク質抽出液の調製方法
― マイクロチューブスケール（約10 mL培養）―

準備するもの

1. 器具，機械
- ボルテックスミキサー（東京理化機器(株)製，Cute Mixture）
- ガラスビーズ（直径約0.4〜0.6 mm，Sigma製，硝酸で洗浄したもの）
- 15 mL ファルコンチューブ（遠心ができるチューブ）
- 2.0 mL マイクロ遠心チューブ（形状が円筒形，蓋付きのもの）
- 1.5 mL マイクロ遠心チューブ（エッペンチューブ）
- パラフィルム

2. 試　薬
- 1 M Tris-HCl（pH 8.0）
- 0.5 M EDTA
- グリセリン

- NaCl
- 2-メルカプトエタノール
- ジメチルホルムアミド（DMFA）
- プロテアーゼインヒビター： PMSF（phenylmethylsulfonyl fluoride），benzamidine，antipain，aprotinin，chymostatin，leupeptin，pepstatin A

3. 試薬の調製

リシスバッファー S　　　　　　　　　最終濃度

1 M Tris–HCl（pH 8.0）	10 mL	200 mM
0.5 M EDTA	0.3 mL	3 mM
NaCl[注1]	1.5 g	500 mM
グリセリン	5 mL	10 %

超純水で 50 mL に調製し，オートクレーブにかけた後，4℃で保存．

使用直前に必要量のバッファーを分注し，PMSF（1 mM），benzamidine（5 mM），antipain，aprotinin，chymostatin，leupeptin，pepstatin A，（各 2～5 μg/mL），2-メルカプトエタノール（10 mM）を加える（かっこ内は最終濃度）．

最終濃度は，以下のとおり．

プロテアーゼインヒビターストック溶液

0.5 M PMSF（DMFA に溶解）

1 M benzamidine hydrochloride（超純水に溶解）

1 mg/mL antipain hydrochloride（超純水に溶解）

1 mg/mL aprotinin from Bovine lung（超純水に溶解）

1 mg/mL chymostatin（DMFA に溶解）

1 mg/mL leupeptin hemisulfate（超純水に溶解）

1 mg/mL pepstatin A（DMFA に溶解）

酵母の液胞内は pH が酸性に偏っているため，細胞破砕により抽出液の pH が酸性になりタンパク質が凝集するのを防ぐためにトリスバッファーの濃度を高くしている．

[注1]
KCl でもよい．一般的なタンパク質の抽出には 0.3～0.5 M の濃度が用いられる．高濃度ではヒストンが抽出されてくるので注意．また，Brij58 や Nonidet P40 などの非イオン性界面活性剤を 0.02～0.4 % 程度加えると目的のタンパク質の抽出効率が高まることがある．

PMSF は水溶液に溶けにくいので撹拌しながら，ピペットの先をバッファー内に入れてゆっくりと混ぜる．

プロトコール

1. 培養と菌体の保存

① 酵母を実験目的に合った約 10 mL の培地で対数増殖期後期まで培養する．

② 培養液を遠心チューブ（15 mL ファルコンチューブなど）に移し，4℃で 3,000 rpm，5 分間遠心し，菌体を回収する．

③ 菌体を 1.0～1.2 mL の氷冷した超純水に懸濁し，2.0 mL マイ

定常期の菌体ではプロテアーゼを多く含んだ液胞が発達し，破砕により目的タンパク質が分解されやすいので注意が必要である．

クロ遠心チューブ（あらかじめ重さをはかっておく）に移し，14,000 rpm で5〜10秒間遠心する．

④ 上清を除去し，重さをはかりチューブの重さを差し引いて菌体の重さとする．

⑤ 菌体はそのまま−80℃で保存できる．

2. 菌体の破砕

① 菌体を氷上で解凍する．

② 菌体に2〜3容量のリシスバッファー S（0.2〜0.3 mL/0.1 g 菌体）を加え，懸濁する．

③ ガラスビーズ（約 0.3 g/0.1 g 菌体）加え，蓋をパラフィルムで密閉する．

④ 低温室（4℃）でボルテックスミキサーを用いて 10〜30 分激しく撹拌する（10 分ごとに 5 分程度氷上で冷却すると同時に顕微鏡で破砕の程度を確認する．図 6.1 のような複数のマイクロ遠心チューブを固定できるボルテックスミキサーを用いると容易である）．

⑤ 菌体破砕液を 1.5 mL マイクロ遠心チューブに移し，4℃で 14,000 rpm，30 分間遠心し，上清を粗抽出液とする．

⑥ タンパク質の濃度を定量し，SDS-ポリアクリルアミドゲル電気泳動で解析する．

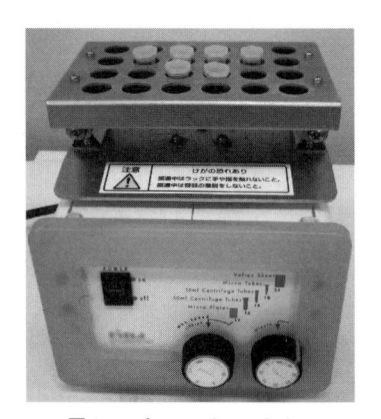

図 6.1 ボルテックスミキサー

2）出芽酵母 RPA の精製法

準備するもの

1. 器具，機械
- 振とう培養機
- 20 L 培養槽（New Branswick Scientific 製）
- フレンチプレス（French Pressure Cells and Press, Aminco 製）
- 高速冷却遠心機（TOMY 製）
- フリージングバッグ（ジップロック等）
- スターラー
- カラム
- FPLC システム（GE Healthcare Bio-Science 製）
- 電気伝導度計

- 分光光度計
- 試験管
- 1.5 mL マイクロ遠心チューブ（エッペンチューブ）
- SDS-ポリアクリルアミドゲル電気泳動装置

2. 試　薬
- YPD 培地[注2]（2%グルコース，2%ペプトン，1%酵母エキス）
- 消泡剤：　Antiform A（Sigma 製）
- 液体窒素（またはドライアイスを加えて冷却したエタノール）
- 1 M Tris-HCl（pH 8.0）
- 1 M Tris-HCl（pH 7.5）
- NaCl
- KCl
- 2-メルカプトエタノール
- 1 M DTT（ジチオスレイトール）
- 0.5 M EDTA
- グリセリン
- エチレングリコール
- 0.5 M PMSF
- 1 M benzamidine
- 1 mg/mL pepstatin A
- 1 mg/mL leupeptin
- 10% IGEPAL CA630 または Nonidet P40

[注2] グルコースだけを別にオートクレーブにかけて，培養直前に加える．寒天プレートを作成するときは2%寒天を加える．

3. カラム担体
- Affi-Gel Blue（Bio-Rad 製）
- 一本鎖 DNA セルロース：　熱変性した子ウシ胸腺 DNA と繊維状セルロースを用いて調製，市販のものでもよい．
- MonoQ HR5/5（GE Healthcare Bio-Science 製）

4. 試薬の調製
- 5 M NaCl：　29.2 g NaCl を超純水に溶かし，全量を 100 mL に調整し，オートクレーブにかけた後，室温で保存．

リシスバッファーL		最終濃度
1 M Tris-HCl（pH 8.0）	150 mL	150 mM
0.5 M EDTA	6 mL	3 mM

NaCl	5.84 g	100 mM
グリセリン	100 mL	10 %

超純水で1,000 mLに調整し,オートクレーブにかけた後,4℃で保存.

使用直前に以下のものを撹拌しながら加える.

2-メルカプトエタノール	0.7 mL	10 mM
1 M benzamidine	10 mL	10 mM
0.5 M PMSF	2 mL	1 mM
1 mg/mL pepstatin A	2 mL	2 μg/mL
1 mg/mL leupeptin	2 mL	2 μg/mL

[注3] FPLCシステムを用いるため,フィルター(φ=0.02 μm)を用いて溶液中の微粒子を除去することが望ましい.

バッファー A[注3] + 0.8 M NaCl		最終濃度
1 M Tris-HCl (pH 7.5)	50 mL	25 mM
0.5 M EDTA	4 mL	1 mM
NaCl	93.4 g	800 mM
グリセリン	200 mL	10 %

超純水で2,000 mLに調整し,1,000 mLずつ2本のボトルに分けてオートクレーブにかけた後4℃で保存(1本はカラム調製および平衡化用).

使用直前に1,000 mLに対して以下のものを撹拌しながら加える.

1 M DTT	1 mL	1 mM
0.5 M PMSF	0.2 mL	0.1 mM
10% IGEPAL CA630	1 mL	0.01 %

EG エチレングリコール.

バッファー A[注3] + 2.5 M NaCl + 40% EG		最終濃度
1 M Tris-HCl (pH 7.5)	25 mL	25 mM
0.5 M EDTA	2 mL	1 mM
NaCl	146 g	2.5 M
グリセリン	100 mL	10 %
エチレングリコール	400 mL	40 %

超純水で1,000 mLに調整し,オートクレーブにかけた後,4℃で保存.

使用直前に以下のものを撹拌しながら加える.

1 M DTT	1 mL	1 mM
0.5 M PMSF	0.2 mL	0.1 mM
10% IGEPAL CA630	1 mL	0.01 %

バッファー A[注3] + 0.5 M NaCl		最終濃度
1 M Tris–HCl (pH 7.5)	12.5 mL	25 mM
0.5 M EDTA	1 mL	1 mM
NaCl	14.6 g	0.5 M
グリセリン	50 mL	10 %

超純水で 500 mL に調整し，オートクレーブにかけた後，4℃で保存．

使用直前に以下のものを撹拌しながら加える．

1 M DTT	0.5 mL	1 mM
0.5 M PMSF	0.1 mL	0.1 mM
10% IGEPAL CA630	0.5 mL	0.01 %

バッファー A[注3] + 0.75 M NaCl		最終濃度
1 M Tris–HCl (pH 7.5)	12.5 mL	25 mM
0.5 M EDTA	1 mL	1 mM
NaCl	21.9 g	750 mM
グリセリン	50 mL	10 %

超純水で 500 mL に調整し，オートクレーブにかけた後，4℃で保存．

使用直前に以下のものを撹拌しながら加える．

1 M DTT	0.5 mL	1 mM
0.5 M PMSF	0.1 mL	0.1 mM
10% IGEPAL CA630	0.5 mL	0.01 %

バッファー A[注3] + 1.5 M NaCl + 50% EG		最終濃度
1 M Tris–HCl (pH 7.5)	12.5 mL	25 mM
0.5 M EDTA	1 mL	1 mM
NaCl	43.8 g	1.5 M
グリセリン	50 mL	10 %
エチレングリコール	250 mL	50 %

超純水で 500 mL に調整し，オートクレーブにかけた後，4℃で保存．

使用直前に以下のものを撹拌しながら加える．

1 M DTT	0.5 mL	1 mM
0.5 M PMSF	0.1 mL	0.1 mM
10% IGEPAL CA630	0.5 mL	0.01 %

バッファー A ＋ 0.1 M NaCl		最終濃度
1 M Tris–HCl（pH 7.5）	75 mL	25 mM
0.5 M EDTA	6 mL	1 mM
NaCl	17.5 g	100 mM
グリセリン	300 mL	10 %

超純水で 3,000 mL に調整し，オートクレーブにかけた後，4℃で保存．

使用直前に 1,000 mL のバッファーに対して以下のものを撹拌しながら加える．

1 M DTT	1 mL	1 mM
0.5 M PMSF	0.2 mL	0.1 mM
10% IGEPAL CA630	1 mL	0.01 %

バッファー A[注3]		最終濃度
1 M Tris–HCl（pH 7.5）	12.5 mL	25 mM
0.5 M EDTA	1 mL	1 mM
グリセリン	50 mL	10 %

超純水で 500 mL に調整し，オートクレーブにかけた後，4℃で保存．

使用直前に以下のものを撹拌しながら加える．

1 M DTT	0.5 mL	1 mM
0.5 M PMSF	0.1 mL	0.1 mM

バッファー A[注3] ＋ 1 M NaCl		最終濃度
1 M Tris–HCl（pH 7.5）	12.5 mL	25 mM
0.5 M EDTA	1 mL	1 mM
NaCl	29.2 g	1 M
グリセリン	50 mL	10 %

超純水で 500 mL に調整し，オートクレーブにかけた後，4℃で保存．

使用直前に以下のものを撹拌しながら加える．

1 M DTT	0.5 mL	1 mM
0.5 M PMSF	0.1 mL	0.1 mM

保存用バッファー		最終濃度
1 M Tris–HCl（pH 7.5）	20 mL	20 mM

0.5 M EDTA	0.2 mL	0.1 mM
KCl	7.46 g	100 mM
グリセリン	100 mL	10 %

超純水で1,000 mLに調整し，オートクレーブにかけた後，4℃で保存．

使用直前に以下のものを撹拌しながら加える．

1 M DTT	1 mL	1 mM
0.5 M PMSF	0.04 mL	0.02 mM

プロトコール

1. 培養と菌体の保存

① 2 L容のバッフル付き三角フラスコに500 mLのYPD培地を入れ滅菌した後，YPD寒天プレート上の出芽酵母（*S. cerevisiae*）野生株を濁度（OD_{600}）が約0.1になるように植菌し，30℃で1晩振とう培養する．

② 20 L培養槽に10～12 LのYPD培地を入れ滅菌した後，1晩振とう培養した出芽酵母を濁度（OD_{600}）が約0.1になるように植菌し，30℃で撹拌通気培養する．必要に応じて消泡剤を0.2～1 mL加える（対数増殖期では濁度が2倍になるために約1.5時間要する）．

③ 対数増殖期後期（OD_{600} が5～10）まで培養した後，高速冷却遠心機（TOMY製BH17ローター）で4℃，3,000 rpm，5分間の遠心により集菌する．

④ 菌体を氷冷した超純水に懸濁し，1本の遠心チューブ（TOMY製BH9ローター用）にまとめる．4℃で5,000 rpm，10分間遠心する．

⑤ 上清を完全に除去し，菌体をスパーテルを用いてあらかじめ重さをはかったフリージングバッグに入れ，菌体の重さをはかる（1回の培養で約100 g）．

⑥ フリージングバッグ内の菌体を薄く伸ばし，液体窒素またはドライアイス-エタノールで凍結し，−80℃で保存する．

⑦ 以上の操作を繰り返して約400 gの菌体を確保する．

2. 細胞の破砕とタンパク質粗抽出液の調製

① 凍結している菌体を細かく砕き，氷上の2 L容ビーカーに入

れる.

②菌体（400 g）に2倍量のリシスバッファー L（800 mL）を加え，スターラーで撹拌しながら解凍，懸濁する.

③あらかじめ冷却したフレンチプレスのセルに菌体懸濁液を入れ，20,000 psi（可能なら 40,000 psi）で破砕する．破砕の程度を顕微鏡で観察し，必要なら再度フレンチプレスにかける．その際，破砕により懸濁液は発熱しているのでよく冷却してから行う．

④冷却したメスシリンダーで破砕液量をはかった後，氷上のビーカーに入れ，撹拌しながらゆっくりと 5 M NaCl（最終濃度 0.5 M）を滴下する．滴下し終えた後，さらに約1時間撹拌しタンパク質を抽出する．

⑤タンパク質を抽出した破砕液を高速冷却遠心機によって 4°C で 15,000×g（TOMY 製 BH9 ローターで 10,000 rpm）45 分間遠心する．上清を回収し，タンパク質粗抽出液とする（画分 I, 810 mL, 14.3 g）．

3. Affi-Gel Blue カラムクロマトグラフィー

①画分 I をバッファー A + 0.8 M NaCl で平衡化した Affi-Gel Blue カラム（ϕ=3.2×12.5 cm）に流速 50 mL/h で負荷する（すべてのカラムクロマトグラフィーの操作を FPLC システムを用いて行うと容易である）．

②900 mL のバッファー A + 0.8 M NaCl でカラムを洗浄する．

③900 mL のバッファー A + 2.5 M NaCl+40% エチレングリコール（EG）でタンパク質を溶出する．このとき，フラクションコレクターを用いて 10 mL ずつ分取する．

④溶出された各フラクションのタンパク質濃度を測定（Bio-Rad 製 Protein Assay kit：BSA standard）する．

⑤タンパク質のピークフラクションを回収する（画分 II, 64 mL, 268 mg）．

4. 一本鎖 DNA セルロースカラムクロマトグラフィー

①画分 II の NaCl 濃度を 0.5 M 相当にするために，氷上で撹拌しながら 5 倍量のバッファー A をゆっくり加える．

②希釈した画分 II をバッファー A + 0.5 M NaCl で平衡化した ssDNA セルロースカラム（ϕ=1.5×10 cm）に流速 18 mL/h で負荷する．

③80 mL のバッファー A + 0.75 M NaCl でカラムを洗浄する．

---

psi
圧力の単位で pounds per square inch のこと．SI 単位では，1 psi＝6.895×10^3 Pa，20,000 psi は約 138 MPa．

各画分の液量とタンパク質濃度（Bio-Rad 製 Protein Assay Kit：BSA standard）の目安として参考にしていただきたい．

④ 150 mL のバッファー A ＋ 1.5 M NaCl＋50％ エチレングリコールを用い，流速 8 mL/h でタンパク質を溶出する．このときフラクションコレクターで 4 mL ずつ分取する．

⑤ 溶出された各フラクションのタンパク質濃度を測定（Bio-Rad 製 Protein Assay kit：BSA standard）する．

⑥ タンパク質のピークフラクションを回収する（画分 III，16 mL，3.4 mg）．

5. 透析および MonoQ カラムクロマトグラフィー

① 画分 III を 3 L のバッファー A ＋ 0.1 M NaCl に対して約 8〜10 時間透析する（1 L ずつバッファーを交換しながら全量 3L とする）．

② 透析によって沈殿が生じた場合は，高速冷却遠心機で 10,000×g で 10 分程度の遠心により除去する．

③ 透析後の画分をバッファー A ＋ 0.1 M NaCl で平衡化した MonoQ HR5/5 カラムに流速 0.4 mL/min で負荷する．

④ 5 mL のバッファー A ＋ 0.1 M NaCl でカラムを洗浄する．

⑤ 20 mL バッファー A の 0.1 M から 0.6 M の NaCl による濃度勾配によりタンパク質を溶出する．このとき，フラクションコレクターを用いて 0.25 mL ずつ分取する．

⑥ 溶出された各分画のタンパク質濃度を測定（Bio-Rad 製 Protein Assay Kit：BSA standard）する．

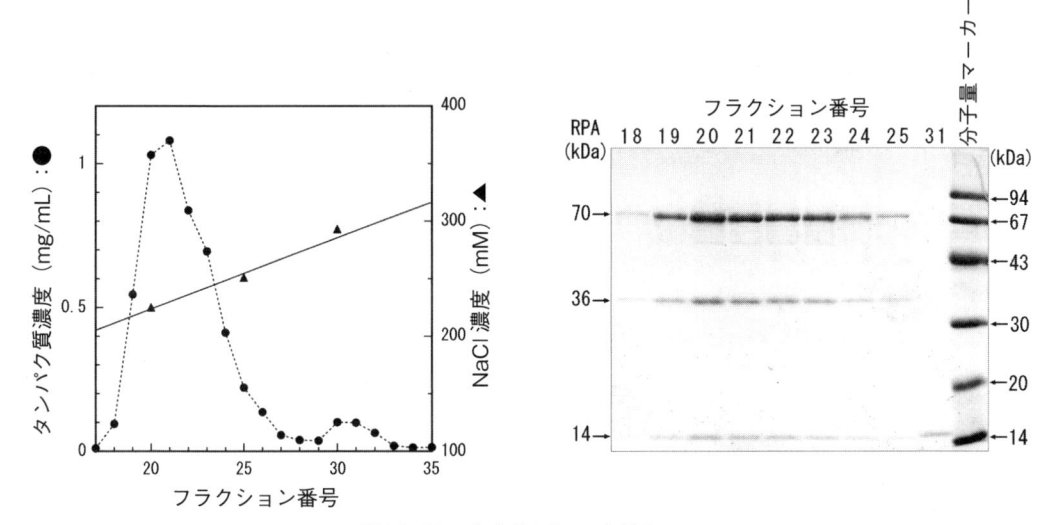

図 6.2 MonoQ カラムクロマトグラフィー
左：溶出された各フラクションのタンパク質濃度（●），NaCl 濃度（▲）．右：各分画の SDS-ポリアクリルアミドゲル電気泳動，クマシブリリアントブルーにより染色した結果．

⑦ 10 フラクションごとに 10 μL ずつサンプリングし，1 mL の超純水で 100 倍に希釈してから電気伝導度計で電気伝導度を測定する．このとき，カラムに使用したバッファー A とバッファー A ＋ 1 M NaCl を混合して，0，0.2，0.4，0.6，0.8，1.0 M NaCl を含むバッファー A を調製して検量線を作成し，各フラクションの塩濃度を計算する．

⑧ タンパク質の溶出されたフラクションを SDS-ポリアクリルアミドゲル電気泳動により分析する．このとき RPA の 70 k，36 k，14 kDa の 3 本のバンドが観察されるはずである（図 6.2）．RPA のピークフラクション（220〜250 mM NaCl で溶出）を回収する（画分 IV，0.85 mL）．

6. 透析および RPA の定量

① MonoQ カラムから溶出した RPA（画分 IV）は，1 L の保存用バッファーに対して 12〜16 時間透析を行う．そして，約 30 μL ずつマイクロチューブに分注し -80℃で保存する．

② 凍結保存した試料を解凍し，分光光度計で 280 nm の吸光度を測定する．試料の希釈，対象には透析後の保存用バッファーを用いる．分子吸光係数は，$8.8\times10^4 \mathrm{M}^{-1}\mathrm{cm}^{-1}$ として計算する（最終画分 0.80 mL，7.5 μM RPA）[2]． 〔新井 直人〕

参考文献

1) Alani, E. *et al.*: *J. Mol. Biol.*, **227**, 54-71, 1992.
2) Sugiyama, T. *et al.*: *J. Biol. Chem.*, **272**, 7940-7945, 1997.

◆ 7 ◆
酵母からのヒストン複合体精製法

　一昔前まで酵母は細胞壁が硬く破砕が困難かつプロテアーゼ活性が強いなどの理由から，生化学では取り扱いにくいものとされてきた．しかし，今や分子遺伝学的手法も容易な有用モデル生物である酵母において，機能複合体解析を含めたプロテオミクス研究は多くの研究室で進行している．本章では，出芽酵母におけるタンパク質複合体解析の原理，手法を概説しながら，ヒストン複合体精製方法を一つの例として紹介する．当然，他のタンパク質においても応用可能であるので参考にしてほしい．ヒストンは酵母からヒトまで高度に保存された塩基性タンパク質で，主要な H2A，H2B，H3，H4 の 4 種類のタンパク質からなる．クロマチンはそれら各 2 分子ずつから構成されるヒストン八量体に 146 bp の DNA が巻き付いたヌクレオソームコアを基本構造単位としている．いかにしてヌクレオソーム構造が形成されるのか，その制御はどうなっているのか，という疑問に対してヒストン複合体を解析するというのは有効な一つの手段であろう[1]．

準備するもの

1. **器具，機械**
- 振とう培養機
- 高速遠心機
- 超遠心機（アングルローター，スイングローター）
- スターラー
- クライオプレス（マイクロテック・ニチオン製）
- ローテーター
- 卓上ミキサー

> コーヒーミル内でドライアイスとともに細胞を粉砕する方法や，乳鉢内で液体窒素とともに細胞を破砕する方法でも代用できる．

2. **試　薬**
- YPD 培地（ポリペプトン 20 g，酵母エキス 10 g，グルコース 20 g）： 1 L H_2O に溶解後，オートクレーブ滅菌する．
- 1 M Tris-HCl (pH 8.0)
- 0.5 M HEPES-KOH (pH 7.9)
- 0.1 M Glycine-HCl (pH 2.5)
- 2.5 M KCl

> 試薬調製時は基本的に超純水を使用し，フィルター精製したものを用いることをお勧めする．精製後に質量分析する際にケラチンなどのコンタミネーションが一番問題になるからであり，実験時もラテックス手袋などを着用した方がよい．

- 1 M MgCl$_2$
- 0.5 M EDTA
- 0.1 M EGTA-KOH (pH 7.9)
- グリセロール
- Tween20
- 2-メルカプトエタノール
- 1 M DTT (水に溶解後, 小分けして−20℃保存)
- 1 M PMSF (DMSO (ジメチルスルホキシド) に溶解)
- プロテアーゼインヒビターカクテル (Complete Mini, Roche 製)

3. カ ラ ム
- 抗 FLAG 抗体 M2 アガロース (Sigma 製)
- 3×FLAG ペプチド (Sigma 製)
- 抗 HA モノクローナル抗体 12CA5 (Roche 製)
- HA ペプチド (Roche 製)
- Poly Prep Chromato Column (Bio-Rad 製)
- Wizard Minicolumn (Promega 製)

ペプチドで溶出する場合には 12CA5 がよいが, ロットによっては溶出されにくい場合があるので注意する. 筆者らは protein A アガロースビーズ (GE Healthcare Bio-Science) に dimethylpimelimidate によりクロスリンクさせたものを使用している[2]).

4. 試薬の調製

バッファー A		最終濃度
0.5 M HEPES-KOH (pH 7.9)	100 mL	100 mM
2.5 M KCl	49 mL	245 mM
0.5 M EDTA (pH 8.0)	1 mL	1 mM
0.1 M EGTA (pH 7.9)	25 mL	5 mM
1 M DTT	1.25 mL	2.5 mM

H$_2$O で 500 mL に合わせる.

バッファー A, B の DTT は使用直前に加える.

バッファー B		最終濃度
1 M Tris-HCl (pH 8.0)	20 mL	20 mM
2.5 M KCl	40 mL	100 mM
0.5 M EDTA (pH 8.0)	1 mL	0.5 mM
Tween 20	1 mL	0.1 %
グリセロール	200 mL	20 %
1 M DTT	0.5 mL	0.5 mM

H$_2$O で 1 L に合わせる.

バッファー C		最終濃度
1 M Tris-HCl（pH8.0）	20 mL	20 mM
2.5 M KCl	40 mL	100 mM
1 M MgCl$_2$	5 mL	5 mM
Tween 20	1 mL	0.1 %
グリセロール	100 mL	10 %
2-メルカプトエタノール	0.7 mL	10 mM
1 M PMSF	0.2 mL	0.2 mM

H$_2$O で 1 L に合わせる．

2-メルカプトエタノール，PMSF は使用直前に加える．

プロトコール

1. タグを付加した菌株の樹立

酵母で簡便にタンパク質複合体を精製するために，一般的にはタンデムアフィニティー精製タグ（tandem affinity purification tag：TAP）がよく使われている．これは，protein A とカルモジュリン結合タンパク質（CBP）とを TEV プロテアーゼ認識配列を挟んで目的タンパク質の N 末端もしくは C 末端に付加することで，簡便に IgG ビーズ結合，TEV プロテアーゼ切断，カルモジュリンビーズによる 2 段階精製をすることを可能にしたシステムであり，網羅的な複合体解析などによく用いられている[3]．ただし，ヒストンのように小さいタンパク質の場合は，TAP タグ自身が大きいという問題が生じる．また，筆者の経験上 TEV プロテアーゼ切断による溶出効率の低さと，処理時間の長さが問題となる場合がある．そこで，TAP タグの変わりに小さい FLAG と HA エピトープタグを使った精製法[4]を紹介する．精製の概略を図 7.1 に示す．

出芽酵母のゲノム上に存在する目的遺伝子の C 末端にタグを付加する場合，FLAG/HA（もしくは TAP）タグ配列をもつプラスミドに目的遺伝子を挿入する．その際，目的遺伝子の C 末端側にタグの配列が連結されるようにする．このタグ配列を含む目的遺伝子をテンプレートに，約 45 塩基程度の相同領域をもつプライマーセットを用いてポリメラーゼ連鎖反応（PCR）増幅を行う．分裂酵母の場合は，相同組換えに必要な領域が長い方がよい結果が得られるので，500 塩基程度の相同領域をもたせるようにする．これらの PCR 産物を酵母細胞内へ導入し，相同組換えによって標的となるゲノム上の遺伝子にタグを付加することができる．このシステムの

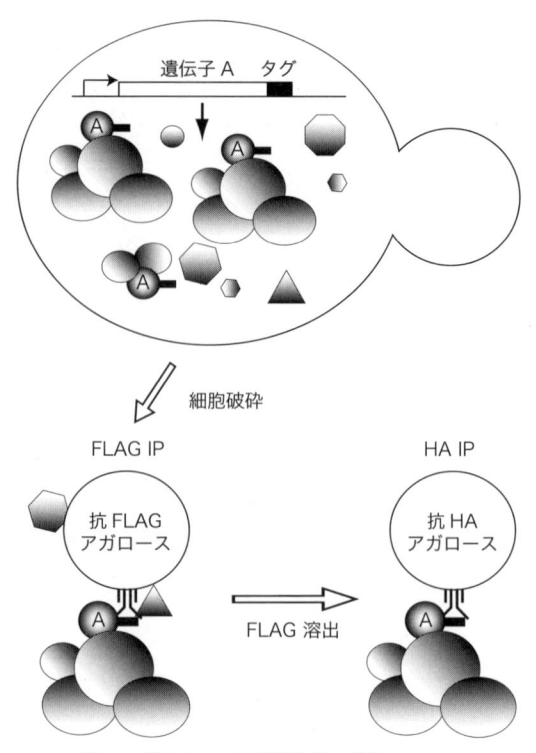

図 7.1　酵母タンパク質複合体の精製スキーム

最大の利点は本来のプロモーターの制御下にあるため，大量発現によるアーティファクトの排除だけでなく，細胞周期依存的なタンパク質複合体解析まで可能にしていることである．PCR および抗タグ抗体を用いたウェスタンブロッティングにより組換え体を確認し，以降の精製に使用する．当然，タグを付加したタンパク質が細胞内において機能することを確認することも重要である．

2. 細胞の培養

① プレート上に起こした新しい菌体を 20 mL YPD 培地で 30℃ 1 晩前培養を行う．

② 2 L の YPD 培地に前培養液を加え，OD_{600} が約 1.0 になるまで 30℃ で振とう培養する．

③ あらかじめ氷冷しておいた 500 mL 遠心管に移し，5,000 rpm で 5 分間遠心する．

④ 上清を捨て，氷冷しておいた H_2O で 50 mL ファルコンチューブ 1 本にまとめる．

⑤ 5,000 rpm で 5 分間遠心後，上清を捨てる．ファルコンチューブごとの重さをはかり，大体の菌体量を記録しておく．すぐに精製

精製に必要な菌体数は当然目的とするタンパク質の発現量に依存するが，通常 2 L 程度で行えばよい．ただし，細胞破砕，抽出の条件によっては可溶化しにくいタンパク質の場合があるので条件を検討する．クロマチン内に取り込まれていないヒストン複合体の場合は，H2A/H2B は比較的容易に抽出されるのに対して H3/H4 は非常に抽出されにくいため 8 L から精製している．

を行わない場合は，この段階で液体窒素により凍結させ，−80℃で保存する．

3. 細胞粗抽出液の調製

冒頭にも触れたが，酵母は細胞壁が硬く，プロテアーゼ活性が高いが，プロテアーゼインヒビターや液体窒素による凍結処理を用いることによりフレンチプレスなど高額な機器がなくても比較的簡便に細胞抽出液を調製できる．

① −80℃で保存しておいた菌体，もしくは集菌したものをファルコンチューブごと液体窒素で凍結させる．

② ハンマーなどでチューブを叩き，細胞のペレットをあらかじめ−80℃に冷やしておいたクライオプレスの破砕容器（使用直前に液体窒素で冷却してもよい）に入れる．サンプルが多い場合は破砕効率が下がるので，何度かに分けて行う．

③ サンプルの上から直接少量の液体窒素をかけ，完全に凍結させる．

④ 蓋をしてコルク台の上に置き，エアーハンマーで30秒程度粉砕し，サンプルをパウダー状にする．

⑤ 超遠心用のチューブなどにサンプルを移し，約0.8〜1倍のバッファーAを加えて4℃で溶かす．このとき，バッファーAには10 mLに1粒の割合でComplete Miniを加えておく．

⑥ 33,500 rpmで2時間，4℃で超遠心する．

⑦ 不溶性画分をとらないよう細心の注意を払いながら，上清を回収し，1〜2 LのバッファーBで2時間程度透析する．バッファーBにも少量のComplete Mini，もしくは0.1 mM PMSFを加えておく．筆者らは，Spectrum No6 MWCO 8000透析チューブを使用している．遠心後のペレットはクロマチン画分を含むので，液体窒素で凍結後−80℃で保存しておく．

⑧ サンプルを超遠心用のチューブに移し，33,500 rpmで30分，4℃で超遠心する．

⑨ 上清を15 mLチューブなどに移す．このまま精製を進めた方がよいが，保存する場合は，液体窒素で凍結して−80℃で保存しておく．

4. 抗FLAG抗体ビーズによる免疫沈降

① 細胞抽出液における目的タンパク質の量にも依存するが，10 mL細胞抽出液あたり50〜100 μLの抗FLAG抗体M2アガロー

ス（Sigma 製）を目安に使用する．

② 使用量分の M2 アガロースを 1.5 mL チューブに取り，8,000 rpm で 1 分程度遠心して上清を除く．

③ ビーズに 1 mL 0.1 M グリシン-HCl（pH 2.5）を加え，ピペットマンを用いて懸濁する．

④ 直ちに 8,000 rpm で 1 分程度遠心して上清を除く．

⑤ ビーズに 1 mL 1 M Tris-HCl（pH 8.0）を加え，ピペットマンを用いて懸濁することで中和する．

⑥ 8,000 rpm で 1 分程度遠心して上清を除き，再度ビーズに 1 mL 1 M Tris-HCl（pH 8.0）を加え，ピペットマンを用いて懸濁する．

⑦ 8,000 rpm で 1 分程度遠心して上清を除き，ビーズと等量の 1 M Tris-HCl（pH 8.0）を加える．

⑧ 上記のように洗浄した M2 アガロースを細胞抽出液に加え，4℃で 2〜4 時間ローテーションする．

⑨ Poly Prep Chromato Column などの 15 mL 程度の空カラムに，全量を移し，4℃で自然落下させる．このときの FLAG 抗体カラムフロースルー画分もチェックのため保存しておく．

⑩ あらかじめ氷冷しておいたバッファー C 12 mL を加え，自然落下でビーズを洗浄する．

⑪ この洗浄を 3 回行い，最後にカラムを 10 mL チューブなどにつめて 1,200 rpm で 1 分程度の低速遠心する．

⑫ カラムの底をキャップして，ビーズと等量の 3×FLAG ペプチド溶液（160 μg/mL，バッファー C に溶解）を加える．

⑬ 4℃で 30 分〜1 時間，卓上ミキサーなどで穏やかに撹拌する．

⑭ キャップをはずし，カラムを新しい 10 mL チューブなどにつめて 1,200 rpm で 1 分程度の低速遠心することで，精製されたタンパク質複合体を溶出する．これを FLAG 溶出画分 1 として 0.5 mL チューブに移す．

⑮ 再度キャップをしてビーズと等量のバッファー C を加え，ピペットマンを用いて懸濁する．

⑯ キャップをはずし，先ほどの 10 mL チューブなどにつめて 1,200 rpm で 1 分程度の低速遠心する（FLAG 溶出画分 2）．

⑰ アガロースビーズは，①〜⑦と同様にして洗浄することにより再利用できるが，洗浄が不十分だと次回の精製時に問題となるので十分注意する．

5. 抗HA抗体ビーズによる免疫沈降

① 100 µL の FLAG 精製サンプルあたり 10～20 µL の抗 HA 抗体アガロースを目安に使用する.

② 抗 FLAG 抗体アガロースの場合と同様に（プロトコール 4. ①～⑦）ビーズを洗浄する.

③ 洗浄した抗 HA 抗体アガロースを FLAG 精製サンプルに加え，4℃で 2～4 時間ローテーションする．よく撹拌されないようであればミキサーを使用し，穏やかに撹拌する.

④ 8,000 rpm で 1 分程度遠心して，できるだけ上清を別のチューブに移す（HA フロースルー画分）.

⑤ ビーズにあらかじめ氷冷しておいたバッファー C 0.5～1 mL を加え，ピペットマンを用いて懸濁する.

⑥ 8,000 rpm で 1 分程度遠心して，できるだけ上清を除く．このような洗浄を 3 回行う.

⑦ ビーズと等量の HA ペプチド溶液（200 µg/mL，バッファー C に溶解）を加える.

⑧ 4℃で 30 分～1 時間，卓上ミキサーなどで穏やかに撹拌する.

⑨ 全量を Wizard Minicolumn 等の小型の空カラムに全量を移し，新しい 1.5 mL チューブにつめて 8,000 rpm で 1 分遠心することで，精製されたタンパク質複合体を溶出する．これを HA 溶出画分 1 として 0.5 mL チューブに移す.

⑩ ビーズと等量のバッファー C を加え，ピペットマンを用いて懸濁する.

⑪ 1.5 mL チューブにつめて 8,000 rpm で 1 分遠心する（HA 溶出画分 2）.

⑫ ビーズの再利用については FLAG ビーズの場合と同じである.

おわりに

今回のように酵母粗抽出液を出発材料にした場合は，FLAG IP（Immuno-precipitation，免疫沈降法）だけではコントロールでもかなりのタンパク質が精製されるため，さらに HA IP による精製を行う必要がある．2 段階精製後，コントロールでは銀染色でもほとんどバンドが見えなくなるはずで，質量分析装置などを利用して特異的に結合する因子の同定を行うとよい（図 7.2 参照）．ただし，複合体のヘテロジェネイティに関しては，さらにグリセロール密度勾配遠心などによる分画や複合体の構成因子に対する抗体を用いた Reciprocal IP などにより精製を進める必要がある．また，粗抽出

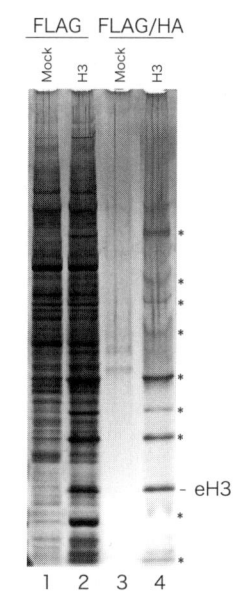

図 7.2 出芽酵母ヒストン H3 複合体精製の実際

4～12% NuPAGE（MOPS）で電気泳動後，銀染色したものを示した．2 段階精製により，タグを含むヒストン H3（eH3）が，＊で示すタンパク質と特異的に結合し，複合体を形成していることがわかる．

液調製の際に物理的に細胞を破砕するためクロマチン画分であるはずのDNA, ヌクレオソームが混入する．これらが問題となる場合は，HA IPを行う前にグリセロール密度勾配遠心などによる分画を行うのも有効である．

　タンパク質を複合体として解析するメリットは，単に相互作用する因子を探索するだけでなく，タンパク質の機能ユニットを単離できることであると筆者は考える．実際に精製したタンパク質複合体は生化学的活性をもつ場合が多い．もちろん，精製条件により構成因子が変わる場合もあるし，精製した複合体が細胞内でも同じように存在するかどうかについても詳細な検討が必要である，ということを肝に銘じたうえで，タンパク質複合体精製を活用していただければ幸いである．　　　　　　　　　　　　　　　〔田上　英明〕

参 考 文 献

1) Tagami, H. *et al.*: *Cell*, **116**, 51–61, 2004.
2) Harlow, E. and Lowe, D.: Antibodies: A Laboratory Manual, pp.522–523, CSHL Press, 1988.
3) Puig, O. *et al.*: *Methods*, **24**, 218–229, 2001.
4) Nakatani, Y. and Ogryzko, V.: *Methods Enzymol.*, **370**, 430–444, 2003.

8

ABC トランスポーター LolCED 複合体の精製法

　膜タンパク質は受容体やイオンチャンネルなど生命活動の中心的な役割を演じているものが多い．重要な分子であるにもかかわらず，従来膜タンパク質は，取り扱いの難しさから研究者に敬遠されてきた感がある．現在では新しい解析法の開発や検出感度の向上にも助けられ，精製した膜タンパク質を扱った機能解析や構造解析も増えてきている．ここでは膜タンパク質精製の流れを概観し，その一つの例として，大腸菌の ABC トランスポーター LolCDE の精製法を紹介したい．

1. 膜タンパク質の精製を始める前に

　膜タンパク質の精製は「可溶化」というよくわからないステップが重要であり，その後は特別な配慮を必要としないので，あまり体系立った成書は多くない．よく知られている Efraim Racker の "Lessons for Young Reconstitutionists"[1] を紹介したい．ここには膜タンパク質の精製に関する基本的な指針が書かれてある．ご存じない方は，young でなくとも是非ご一読いただきたい．

　ここで紹介したい指針が三つある．一つ目は「一つの界面活性剤を選んではいけない．いろいろな界面活性剤を試しなさい」．二つ目，「アッセイ系がないのに精製を始めてはいけない」．そしてこれが最も大事だと思うのだが，三つ目として「経験豊富な人からアドバイスを受けてはいけない」．つまり，それぞれの膜タンパク質に応じた界面活性剤や精製法が必要になるので，いろいろと試すのが近道だということであり，アッセイ系があればその困難も乗り越えられるということであろう．またこの他，Robert B. Gennis の "Biomembranes"[2] も参考になるであろう．

2. 膜タンパク質精製の概観

　天然の膜タンパク質にせよ，発現系でつくらせた膜タンパク質にせよ，生物試料から膜タンパク質を抽出・精製するには，まず膜画分を調製することが望ましい．それ以前に，真核生物の試料の場合には，目的の膜タンパク質をもつオルガネラを単離・調製する．膜画分を調製することによって，他の水溶性タンパク質などから分離

することができるので，1段階精製が進んだことになる．基本的に膜タンパク質は膜の中では安定と考えられるので，膜にとどめた状態で精製を進めることができればそれに勝るものはないであろう．可能であれば塩などを用いて，表在する夾雑物を膜から洗い流すのも有効な手段である．

以上のように調製した膜画分に適切な界面活性剤を用いて膜タンパク質の可溶化を行う．界面活性剤による可溶化で，本来膜の中で安定な膜タンパク質を水溶液中でも安定に維持させることが可能になる．こうして膜タンパク質をあたかも水溶性タンパク質のように扱うことが可能になり，本書で紹介されているさまざまな方法を用いて精製を進めることができる．ただし，界面活性剤が疎水的であるため，疎水性相互作用クロマトグラフィーは原則的に膜タンパク質の精製には向いていない．また，イオン性界面活性剤を用いる場合にはイオン交換カラムクロマトグラフィーの使用は避けた方が無難である．

このように膜タンパク質を水溶液中で安定に維持させることが可能な可溶化ができれば，さまざまな方法で精製を始めることができる．言い換えれば，可溶化こそが膜タンパク質の精製における大きなターニングポイントとなる．筆者は可溶化のスクリーニングを次のように行っている．10 mg 膜タンパク質/mL 以下に濃度を調整した膜画分を 1.5～2.5%（w/v）の界面活性剤で処理する．通常，氷上で30分間処理し，超遠心分離（100,000×g，30分，4℃）により上清画分に回収できるかどうかで判断する．多くの膜タンパク質の場合にはこのような判断基準が適切であると考えられるが，べん毛モーターのような非常に大きな構造体の場合には，可溶化を見逃すことになる[3]．調べようとする対象の性質に応じて判断基準を設定するべきである．また，可溶化後に活性が低下してしまうような試料の場合には，1 mg/mL 程度のリン脂質を添加することも時として有効である．

3. ミセルサイズと臨界ミセル濃度

界面活性剤は通常，極性をもつ部分と極性をもたない部分からなる．極性部分の性質が，イオン性であれば陽イオン性，陰イオン性，両イオン性界面活性剤などと呼ばれ，イオン性でなければ非イオン性界面活性剤と呼ばれる．またミセルサイズと臨界ミセル濃度も重要な情報である．界面活性剤は水溶液中である一定の会合状態をとっており，ミセルとして存在する．ミセルに含まれる界面活性

剤の分子数は会合数と呼ばれる．この会合数で形成したミセルの大きさをミセルサイズと呼ぶ．ミセルサイズは塩濃度，温度，pH などにより変化しやすいものであるが，精製を進める上で知っておいた方がよい値である．ミセルは臨界ミセル濃度という一定の界面活性剤濃度を超えると形成される．臨界ミセル濃度も変化しやすいが，やはり調べておいた方がよい．膜タンパク質の精製過程における界面活性剤濃度は臨界ミセル濃度よりも高く維持する必要がある．ほとんどの界面活性剤は高価であるため，できるだけ添加する界面活性剤を抑えたい．そこで通常，界面活性剤濃度は臨界ミセル濃度の 1.5～2 倍くらいで使用する．試薬メーカーのウェブサイトにはミセルサイズや臨界ミセル濃度が紹介されている．ここでは Anatrace 社（http://www.anatrace.com/）と同仁化学研究所（http://www.dojindo.co.jp/）の URL を紹介するにとどめておく．

4. LolCDE 複合体

大腸菌の細胞表層は内膜（細胞質膜）と外膜からなる．大腸菌はリポタンパク質と呼ばれる一群のタンパク質をもつ．アミノ末端が脂質により修飾されるリポタンパク質は，特異的に内膜あるいは外膜へと局在化する．外膜に局在化するリポタンパク質は細胞質で前駆体が合成され内膜を透過する．ここで働くのはタンパク質トランスロケーター Sec である．その後，脂質修飾を経て外膜に局在化するが，内膜で成熟化したリポタンパク質を外膜まで運ぶのが Lol システムである．その中でも，LolCDE 複合体は局在化の初期段階，内膜からの遊離ステップを担う[4]．LolCDE 複合体はバクテリア型 ABC トランスポーターの一員であり，膜タンパク質 LolCE に水溶性 ATPase サブユニットである LolD が 2 分子結合したヘテロ四量体であると想像されている．LolCDE 複合体は膜タンパク質であるリポタンパク質と相互作用し，ATP のエネルギーを使いながら，リポタンパク質を膜から引き離すのだろう．

以下に LolCDE 複合体の精製[4] 手順を示す．

準備するもの

1. 器具，機械
- 振とう培養機
- 高速冷却遠心機
- 超遠心機

- マグネチックスターラー
- テフロンホモジナイザー
- フレンチプレス細胞破砕機（Aminco 製）
- FPLC（GE Healthcare Bio-Science 製）
- SMART システム（GE Healthcare Bio-Science 製），あるいは ÄKTA システム（GE Healthcare Bio-Science 製）
- MonoQ カラム（GE Healthcare Bio-Science 製）
- Superose12 カラム（GE Healthcare Bio-Science 製）
- ハイドロキシアパタイトカラム： Econo-Pac CHT-II カラム（Bio-Rad 製）
- 遠心式限外ろ過装置： Macrocep 30k（Pall Filtron 製）

2. 試　薬

- 酵母エキス
- バクトトリプトン
- グルコース
- KH_2PO_4
- K_2HPO_4
- $MgSO_4$
- アンピシリン（Na 塩）： 50 mg/mL 水溶液を調製後，ろ過滅菌し，−20℃で保存．
- トリス（ヒドロキシメチル）アミノメタン（Tris）
- スクロース
- DTT（ジチオスレイトール）： 1 M 水溶液を調製後，−20℃で保存．
- EDTA： 0.5 M 水溶液を NaOH 水溶液で中和しながら pH 8.0 に調製．
- リゾチーム： 10 mg/mL 水溶液を調製．
- DNase I： 10 mg/mL 水溶液を調製．
- ATP： 0.2 M 水溶液を NaOH 水溶液で中和しながら調製．
- スクロースモノカプレート（SM1000，同仁化学製）： 20％水溶液を調製し，−20℃で保存．

3. 試薬の調製

バッファー A		最終濃度
1 M Tris-HCl（pH 7.5）	50 mL	50 mM

0.5 M EDTA	2 mL	1 mM
全量	1 L	

バッファー B		最終濃度
1 M Tris–HCl (pH 7.5)	50 mL	50 mM
1 M MgSO$_4$	2 mL	2 mM
0.2 M ATP	1 mL	0.2 mM
1 M DTT	1 mL	1 mM
スクロースモノカプレート	5 g	0.5 %
全量	1 L	

バッファー C		最終濃度
1 M リン酸カリウムバッファー (pH 7.5)	10 mL	10 mM
1 M MgSO$_4$	2 mL	2 mM
0.2 M ATP	1 mL	0.2 mM
1 M DTT	1 mL	1 mM
スクロースモノカプレート	5 g	0.5 %
全量	1 L	

1M リン酸カリウムバッファー (pH 7.5)

1 M KH$_2$PO$_4$	
1 M K$_2$HPO$_4$	

混合して pH 7.5 とする.

プロトコール

1. 細胞質膜の調製

① プラスミド pJY310 で形質転換した大腸菌 K003 株を培地 (1 L 当たり,酵母エキス 10 g,バクトトリプトン 10 g,KH$_2$PO$_4$ 5.6 g,K$_2$HPO$_4$ 28.9 g,グルコース 5 g) を用いて A$_{660}$ が 1.5 になるまで培養する.

② 培養液を遠心分離 (8,000×g, 10 分,4℃) し,湿菌体 5 g を得る.

③ 菌体を 20 mL の 50 mM Tris–HCl (pH 7.5) + 0.75 M スクロースによく懸濁し,0.3 mL の 10 mg/mL リゾチーム溶液と 60 μL の 10 mg/mL DNase I 溶液を順次加えよく懸濁する.さらに 10 mL の 3 mM EDTA を徐々に加えた後,30 分間氷上で放置する.

④ 必要に応じてテフロンホモジナイザーで試料の粘性を低下さ

K003 株
F$_0$F$_1$-ATPase を欠く大腸菌.ATP 分解活性の低い無細胞抽出液が調製できる.

せる．フレンチプレス処理（500 kg/cm²）により細胞を破砕する．

⑤ 必要に応じてテフロンホモジナイザーで試料の粘性を低下させ，遠心（4℃，10,000×g，10分）により未破砕の細胞などの沈殿物を除去する．

⑥ 上清を超遠心（4℃，100,000×g，60分）し，粗膜画分を沈殿として得る．

⑦ 30, 35, 40, 45, 50%（w/w）のステップワイズ型のスクロース密度勾配を超遠心チューブに作製する．超遠心チューブの9割程度を密度勾配に使用する（スクロースはバッファー A に溶解する）．このスクロース密度勾配遠心ではスイングローターを用いる方が好ましいが，筆者はアングルローターを用いている．

⑧ 粗膜画分を少量のバッファー A に懸濁し，テフロンホモジナイザーで均一にする．懸濁液の容積は使用する超遠心チューブの容積の5%程度に抑えるのが好ましい．この粗膜懸濁液をシュークロース密度勾配に重層する．

⑨ 4℃，160,000×g で2時間遠心した後，茶色の細胞質膜画分（外膜画分は白色）をピペットで吸い上げることにより回収する．

⑩ 細胞質膜画分をバッファー A で5倍以上に希釈し，遠心（4℃，100,000×g，60分）により沈殿として細胞質膜を回収する．

⑪ 沈殿を少量の 50 mM Tris-HCl（pH 7.5）+20%（w/v）グリセロールに懸濁し，テフロンホモジナイザーで均一にし，使用時まで-80℃で保存する．筆者は20 mg 膜タンパク質/mL 前後の濃度となるように調製している．

2. 可 溶 化

① 調製した細胞質膜を 50 mM Tris-HCl（pH 7.5）+5 mM MgSO₄+2 mM ATP+1 mM DTT に膜タンパク質濃度 4 mg/mL となるように懸濁し，氷上で放置する．

② 1/10 容積の 20%スクロースモノカプレートを加え，泡立てないようによく撹拌した後，そのまま氷上で10分間放置する．その後，超遠心分離（4℃，100,000×g，30分）し，上清に可溶化された膜タンパク質を回収する．

3. MonoQ カラムクロマトグラフィー

① 可溶化試料をバッファー B で平衡化した MonoQ カラム（10/100）に流速 4 mL/min で負荷する．流速は終了時まで一定で 4 mL/min で行う．MonoQ カラムには，LolCDE 複合体を含む多くの膜

スクロースモノカプレート
1分子のスクロースに1分子のカプリル酸（炭素10の直鎖脂肪酸）がエステル結合したもの．界面活性剤の一つ．

タンパク質が吸着する．結合許容量は 200 mg タンパク質を目安とし，それ以上のタンパク質を含む試料の場合には数回に分けてクロマトグラフィーを行う．

② カラム容積の 5 倍量（40 mL）のバッファー B で洗浄し，バッファー B と 150 mM NaCl を含むバッファー B とで作製した直線型濃度勾配により吸着した膜タンパク質を溶出する．直線型濃度勾配はカラム容積の 10 倍量を目安として行う．10 倍量（80 mL）とすると 20 分間かけて溶出させることになる．LolCDE はおよそ 100 mM NaCl の濃度下で溶出される．

4. ハイドロキシアパタイトカラムクロマトグラフィー

① MonoQ カラムクロマトグラフィーの LolCDE 画分を一つにまとめ，容積を計測する．1/100 容積の 1 M リン酸カリウムバッファー（pH 7.5）を加えよく撹拌した後，バッファー C で平衡化したハイドロキシアパタイトカラム（1 mL）に流速 1 mL/min で負荷する．LolCDE 複合体などが吸着する．結合許容量は 5 mg タンパク質を目安とする．

② カラム容積の 5 倍量（5 mL）のバッファー C で洗浄し，10～500 mM リン酸カリウムバッファー（pH 7.5）の直線型濃度勾配により吸着した膜タンパク質を溶出する．LolCDE はおよそ 400 mM の濃度下で溶出される．

5. 限外ろ過による濃縮とゲルろ過カラムクロマトグラフィー

① ハイドロキシアパタイトカラムから溶出した LolCDE 複合体を含む画分を集め，限外ろ過による濃縮を行う．限外ろ過は，一定のポアサイズをもったろ過膜を通すことによって，それ以上の大きさをもつ分子を濃縮する方法である．限外ろ過には大きく分けて，窒素ガスを用いて圧力をかけてろ過するタイプと，遠心力によってろ過するタイプとがある．後者は通常の冷却遠心機があれば特別な装置を必要としないので簡便である．また最近はいくつかのメーカーから製造販売されている．ここでは遠心式の限外ろ過装置（Macrocep 30k）を用いる．この操作で約 200 μL まで濃縮する．ここで注意しなければならない点は界面活性剤の濃縮である．通常，界面活性剤はミセルを形成しているので，限外ろ過膜を通過できないために濃縮されてしまう．高濃度の界面活性剤によって，タンパク質の変性やサブユニットの解離などのおそれがあるので注意が必要である．

② 限外ろ過により 200 μL に濃縮した試料をバッファー B で平衡化した Superose12 カラム（10/300，GE Healthcare Bio-Science 製）に通す．流速 0.5 mL/min で 0.5 mL ずつ分取する．ゲルろ過カラムに通す試料はタンパク質含量ではなく容積に配慮する．ここで使用するカラムは容積約 24 mL であるのでカラムに通す試料はその 1% の 240 μL 以下を目安にする．分取サイズもカラムサイズの 1〜2% を目安とする．通常，ゲルろ過カラムクロマトグラフィーでは，担体と試料との非特異的な結合を抑えるために，100〜200 mM 程度の塩を添加したバッファーを用いることが多い．しかしここでは，次の作業のために塩を入れていない．LolCDE 複合体は水溶性タンパク質の分子量スタンダード（GE Healthcare Bio-Science 製）を用いたキャリブレーションによると，130〜140 kDa の分子量をもつ分子として溶出される．

6. SMART システムを用いた MonoQ カラムクロマトグラフィー

① ゲルろ過カラムクロマトグラフィー後の LolCDE 複合体を，バッファー B で平衡化した MonoQ カラム（PC1.6/5）に流速 0.1 mL/min で負荷する．流速は終了時まで一定で 0.1 mL/min で行う．結合許容量は 2 mg タンパク質を目安とする．

② カラム容積の 5 倍量（0.5 mL）のバッファー B で洗浄し，150 mM NaCl を含むバッファー B により吸着した LolCDE を溶出する．

図 8.1 にある SDS ポリアクリルアミドゲル電気泳動の写真は，

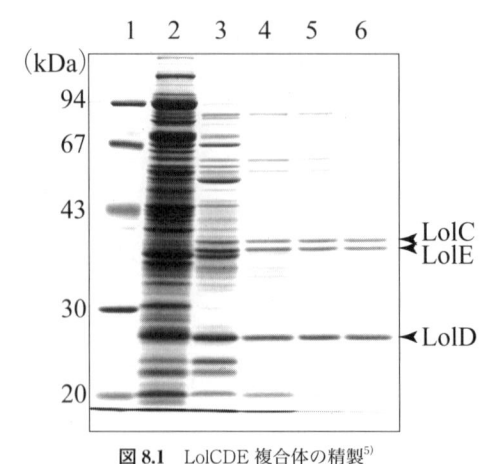

図 8.1 LolCDE 複合体の精製[5]
1：分子量マーカー，2：細胞質膜画分，3：MonoQ カラム後の LolCDE 画分，4：ハイドロキシアパタイトカラム後の LolCDE 画分，5：Superose12 カラム後の LolCDE 画分，6：2 回目の MonoQ カラム後の LolCDE 画分．

本項で紹介した方法に従って精製したLolCDE複合体の精製過程の各ステップの試料を調べたものである．精製が進むにつれ夾雑物がなくなり，LolCDEに由来する3本のバンドのみに精製されていくことがわかる．

〔薬師　寿治〕

参考文献

1) Racker, E.: *Fed. Proc.*, **42**, 2899–2909, 1983.
2) ロバート・B. ゲニス（西島正弘ほか共訳）：生体膜，シュプリンガー・フェアラーク東京, 1990.
3) Aizawa, S. *et al.*: *J. Bacteriol.*, **161**, 836–849, 1985.
4) Yakushi, T. *et al.*: *Nat. Cell. Biol.*, **2**, 212–218, 2000.

9
アフィニティータグを用いた膜タンパク質の精製法

　原核細胞から真核細胞まで，すべての細胞は脂質二重層からなる生体膜をもつ．生体膜は非常に疎水的な環境であり，膜に局在する膜タンパク質も疎水的な性質をもち脂質二重層内に深く挿入されている．したがって膜タンパク質を精製する場合，膜画分を細胞全体から分離し，膜からタンパク質を取り出す（界面活性剤による可溶化）という段階が必要である．膜の分画は比較的容易であるが，膜タンパク質の可溶化は困難であることが多い．

　本章では，大腸菌プロトン/ラクトースシンポーター LacY[1] のヒスチジンタグ（His タグ）を用いた精製法を解説する．LacY は major facilitate superfamily に属し，12 の膜貫通領域をもつ，非常によく研究されている膜タンパク質である．LacY の精製に使われている技術を用いて複数の膜タンパク質の精製が成功している（文献[2] および未発表データ）ことからもうかがえるように，膜タンパク質の精製法として重要な操作が多く使われている．また，この精製法によって得られた LacY を用いて結晶構造が解析されている[3,4]ことも特筆すべきことであろう．膜タンパク質の精製法に関する一般的な説明は，8 章を参考にされたい．

準備するもの

1. 器具，機械
- 振とう培養機およびフラスコもしくはファーメンター
- 超遠心機
- 高速遠心機
- スターラー
- ホモジナイザー
- ペリスタポンプ
- UV モニター
- （フラクションコレクター）
- 細胞破砕装置：　フレンチプレスもしくは EmulsiFlex
- 透析膜：　Slide-A-lyzer（Pierce 製）
- 濃縮装置：　Vivaspin20 30K（Vivascience 製）

フラクションコレクターは必ずしも準備しなくてかまわない．

2. 試薬
- IPTG（イソプロピル-β-チオガラクトピラノシド）

- アンピシリン
- DNaseI
- 2-メルカプトエタノール
- プロテアーゼインヒビター： Pefabloc SC（Pentapharm 製）
- イミダゾール
- 界面活性剤： DDM（dodecyl-β-D-maltopyranoside）
- 10 M 尿素
- NaCl
- 1 M K_2HPO_4–KH_2PO_4（KPi）（pH 7.5）
- 1 M Na_2HPO_4–NaH_2PO_4（NaPi）（pH 7.6）
- 1 M Tris-HCl（pH 7.5）

3. カラム
- TALON Superflow（Clontech 製）

4. 試薬の調製

カリウムリン酸バッファー KPi（pH 7.5）		最終濃度
0.1 M K_2HPO_4	約 160 mL	100 mM
0.1 M KH_2PO_4	約 840 mL	100 mM
全量	1,000 mL	

混ぜる割合で pH を 7.5 に合わせる．

リシスバッファー		最終濃度
0.1 M KPi（pH 7.5）	500 mL	50 mM
1 M $MgSO_4$	5 mL	5 mM
2-メルカプトエタノール	0.7 mL	10 mM
全量	1,000 mL	

マグネシウムが沈殿しやすいので使用直前に調製するとよい．

可溶化用バッファー		最終濃度
0.5 M NaPi（pH 7.6）	20 mL	50 mM
2 M NaCl	20 mL	200 mM
全量	200 mL	

カラム洗浄用バッファー		最終濃度
0.5 M NaPi（pH 7.6）	100 mL	50 mM
2 M NaCl	150 mL	200 mM
DDM	100 mg	0.01 %
イミダゾール	340 mg	5 mM
全量	1,000 mL	

カラム洗浄・溶出バッファー		最終濃度
0.5 M NaPi（pH 7.6）	10 mL	50 mM
2 M NaCl	10 mL	200 mM
DDM	10 mg	0.01 %
イミダゾール	0.34 g	50 mM
	1.36 g	200 mM
	2.04 g	300 mM
全量	100 mL	

[注1]（左側）: 必要なイミダゾール濃度による．

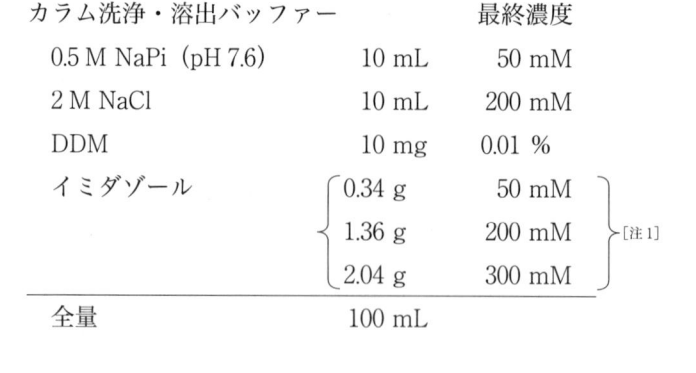

右側ブレース[注1]

プロトコール

1. アフィニティータグ

目的とするタンパク質の遺伝子配列がわかっている場合，タンパク質をコードする遺伝子にアフィニティータグを付加し，融合タンパク質として発現し精製を行うのが比較的容易であり一般的である．アフィニティータグは，タグと目的タンパク質の間にプロテアーゼ切断部位[注1]を挿入することで精製タンパク質から除去することも可能である．アフィニティータグの選択とデザインは，精製を成功するために重要な要素である．Hisタグ（ヒスチジンタグ），GSTタグ，MBPタグ，Sタグなどが考えられる．Hisタグの場合，通常6残基からなるHis_6タグを使用するが，LacYの場合はC末端に10残基のヒスチジンからなるHis_{10}タグを付加したときに最も効率のよい精製が可能であった．

[注1]（左側2つ目）: 部位認識プロテアーゼとしては，TEV，HRV 3C，Thrombin，factorXaプロテアーゼ等が一般的である．

2. タンパク質の過剰発現

膜タンパク質に限らずタンパク質を精製するにあたり，タンパク質の発現量を上げることが大切である．そのため，それぞれのタンパク質にとって，適切なプロモーターをもつ発現ベクターと適切な宿主を探索することは必須である．本章では，大腸菌由来のタンパク質を大腸菌の発現系で発現させる方法を解説するが，真核生物由来の膜タンパク質の発現系としては，大腸菌以外に *Lactococcus lactis* や酵母，昆虫細胞や動物細胞，無細胞系なども選択肢として考えられる．

大腸菌を発現系として用いる場合，一般的にプロモーターは *tac* や *trp*，T5，T7 などが大量発現にはよく用いられている．pETベクター等に代表されるT7プロモーターを用いた場合は，T7 RNA

ポリメラーゼを発現することのできるBL21（DE3）などの株を用いる必要がある．膜タンパク質の場合は，Walker株[5]もよく使用されている．プロテアーゼによる目的タンパク質の切断を避けるために，プロテアーゼ欠失株を用いることも選択の一つである．

LacYの場合，*lac*プロモーターを使用して大量発現を行っている．さまざまな株を調べた結果，筆者らの研究室ではXL-I Blue（この株を大量発現用の株として用いることはまれであろう）をLacYの精製用宿主として用いている．一方，ある種のLacY変異体には異なった宿主とプラスミドベクターの組み合わせが功を奏した場合もある．

Walker株
MirouxとWalkerによって，BL21（DE）を親株として作成された大腸菌株C41（DE3）およびC43（DE3）．従来の株には致死的であった多くの可溶性タンパク質・膜タンパク質の大量発現が，この株を用いて成功している．

3. 培　　養

使用する培地[注2]の量は最終的な目的やタンパク質の発現量により異なる．通常5L以下の場合はフラスコにて培養し，それ以上の場合はファーメンターを利用している．大量培養の際にはLB培地に加え25 mMカリウムリン酸バッファー（KPi），1%グリセロールを培地に加えると菌の生育が良好である．培養培地・温度などの条件検討はより多くのタンパク質を得るためには必須である．

① 新たに遺伝子導入した菌をプレートから接種して前培養を始める．

② 37℃で1晩培養した培養液を本培養の量に対して1：10～50の割合で加えて本培養を開始する．

③ 菌の生育がOD$_{600}$＝0.5～0.8に到達した時点で，最終濃度0.5～1 mMでIPTGを加え，目的タンパク質の発現を誘導する．

④ その後，37℃で4～6時間培養した後，氷上にて冷やし，遠心分離器にて菌体を回収する．冷やしたカリウムリン酸バッファーで菌体を洗浄し，再度の遠心分離後，湿重量を量る．

⑤ 直ちに膜画分の調製にかからない場合，菌体をスパチュラなどですくい取り，液体窒素中で凍結させた後，−80℃で保存する．

4. 膜画分の調製

膜画分を分離することによって90％近くのタンパク質が除ける．したがって，膜の分離は精製の1段階であり膜タンパク質の精製における重要な作業である．膜の調製方法には超音波で細胞を破壊する方法および機械的に破砕する方法が一般的である．筆者らの研究室ではフレンチプレスもしくはEmulsiFlexを用いて機械的に細胞を破壊している．

[注2]
目的のタンパク質により最適な培地の種類が異なることもある．

① 菌体をリシスバッファー 50 mM KPi (pH 7.5), 5 mM MgSO₄, 10 mM 2-メルカプトエタノール, 0.5 mM Pefabloc 30 μg/mL DnaseⅠ (細胞 1 g あたり 5 mL) に懸濁する.

② フレンチプレスもしくは EmulsiFlex を用いて, それぞれ 10,000 psi (1 psi ≒ 6.9 kPa) もしくは 15,000〜20,000 psi の圧をかけて細胞を破砕する.

③ 遠心分離 (21,000×g, 20 分) により未破壊の菌体を回収し, 上清を超遠心分離 (200,000×g, 3 時間) にかけることで膜画分を分離する.

5. 尿素処理[注3]

得られた膜画分は, 尿素洗浄に供する. 尿素処理を行うことで膜表層に存在する夾雑物が除去でき, 結果として目的タンパク質の純度が高まる (図 9.1).

① 膜画分を 100 mM KPi (pH 7.5), 10 % グリセロール, 10 mM 2-メルカプトエタノール, 0.5 mM Pefabloc (用いた湿菌体重量 1 g/mL) にホモジナイザーを用いて懸濁する.

② 氷上で撹拌しながら, 等量の 10 M 尿素を加え 30 分放置する.

③ その後, 超遠心分離器 (140,000×g, 1 晩) にて尿素処理された膜画分を回収する.

④ 得られた膜画分を, 可溶化用バッファー (50 mM NaPi (pH 7.6), 200 mM NaCl) で洗浄した後, 用いた湿菌体重量が 1 g/mL になるように同バッファーに懸濁する. 直ちに精製にとりかかれない場合は, 液体窒素中で少量ずつ凍結させ−80℃で保存する.

6. 可溶化

使用する界面活性剤の検討は, 膜タンパク質の精製において非常に重要である. 詳細は, 8 章を参考にしてほしい. 界面活性剤と膜タンパク質量の比率の変動により, 最終的に得られるサンプルの性質が異なることがある[6]. 筆者らの研究室では界面活性剤にて膜画分を可溶化する前に, 得られた膜画分のタンパク質量を定量し, 最終的な可溶化バッファーの量を決定している.

① タンパク質濃度 10 mg/mL になるように可溶化用バッファー 50 mM NaPi (pH 7.6), 200 mM NaCl に膜画分を懸濁する.

② 膜画分の 1/10 容積量の 20% DDM (界面活性剤) を加え, 氷上で撹拌したまま, 30 分放置し, 膜を可溶化する.

③ その後, 超遠心分離 (300,000×g, 20 min) により, 可溶化さ

[注3]
尿素処理によりタンパク質が部分的に不活化することもあるため, 濃度などの条件を検討することが望ましい.

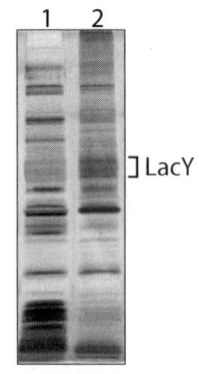

図 9.1 膜画分の尿素処理
1：尿素処理前の膜画分, 2：尿素処理を行った膜画分.

凍結させた膜画分を溶解させるときは, 37℃の定温槽で短時間のうちに溶解させ, 速やかに氷上に移すこと.

れた膜画分を上清として回収する．

7. カラムワーク

His融合タンパク質の精製には，通常ニッケルカラムが用いられるが，筆者らはコバルトカラムを好んで用いている．コバルトカラムはヒスチジンへの結合力は弱いとされているが，LacYの場合はより純度の高いサンプルが1段階で得られるため，Clontech社のTALON Superflowを使用している．ここでは空カラムとペリスタポンプおよびUVモニターを組み合わせた簡便な装置での精製法を説明する．

① 可溶化された膜画分に，最終濃度5 mMになるようにイミダゾールを加えた後，カラム洗浄バッファー50 mM NaPi（pH 7.6），200 mM NaCl，0.01% DDM，5 mMイミダゾールで平衡化したTALONレジン（スラント量：膜画分量=1:3）を充填したカラムに，流速1 mL/minで加える．

② UVモニターによるシグナルが，ベースライン近くに下がり変化しなくなるまでカラム洗浄バッファーを流す．

③ 可溶化された膜画分の1.5倍量の50 mM NaPi（pH 7.6），200 mM NaCl，0.01% DDM，50 mMイミダゾールでカラムを洗浄する．

> 毎回同一な精製タンパク質を得るために，使用する洗浄バッファーの量を一定にすること．

④ 50 mM NaPi（pH 7.6），200 mM NaCl，0.01% DDM，200 mMイミダゾールで溶出し，目的とする膜タンパク質が多く含まれている画分を回収する（図9.2）．

> フラクションコレクターを使用しない場合，溶出画分のみを手で回収する．

⑤ 使用したTALONレジンは，50 mM NaPi（pH 7.6），200 mM

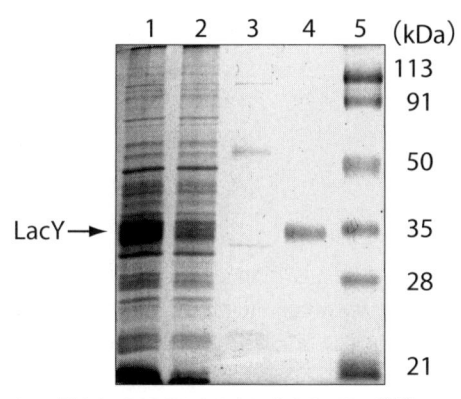

図9.2 TALONカラムによるLacYの精製
1：DDM可溶性画分，2：フロースルー画分，3：50 mMイミダゾールによる溶出された画分，4：200 mMイミダゾールによる溶出された画分，5：プロテインマーカー．

NaCl，0.01% DDM，300 mM イミダゾールで洗浄した後，通常数回ほど再使用する．

8. 濃縮，透析

得られた膜タンパク質画分は，限外ろ過により濃縮する．試料の容量を少なくした後，最終的に使用するバッファーに対して透析を行う．

① カラムから溶出した画分をVivaspin 30,000 MWCO(Molecular Weight Cut OFF) により，約1/10容積まで濃縮する．

② 濃縮された試料は，100倍量以上の透析バッファー20 mM Tris-HCl (pH 7.5)，0.01% DDM に対し透析する（一度交換が好ましい．O/N，4℃）．われわれはPierce社のSLID-A-LYZER 10,000 MWCO を透析膜として用いている．

③ 透析後，Vivaspin 50,000 MWCO を用いてさらに濃縮する．通常，タンパク質量が10 mg/mL以上になるまで濃縮する（図9.3）．

④ 精製したLacYは，凍結融解や低温での長期保存を行うと活性が著しく低下する．したがって，得られた試料は氷上で保存し早急に使用する．また他のいくつかの膜タンパク質同様，SDS-PAGEの際に試料を煮沸したり，SDSに長時間さらすとタンパク質の凝集が起こりゲル上で検出できなくなるので注意が必要である．

〔永森 收志，H. R. Kaback〕

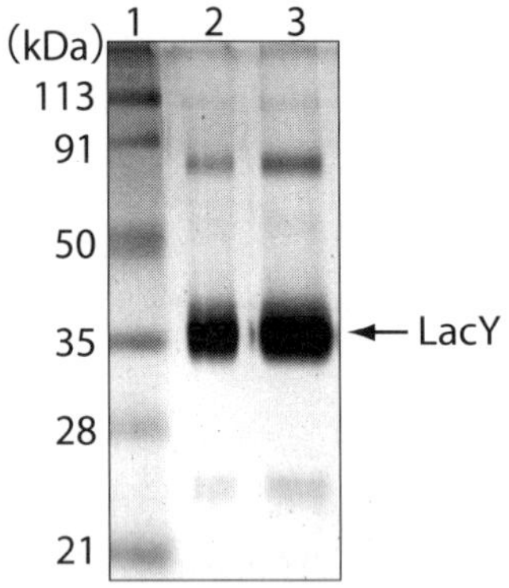

図9.3　精製されたLacY
1：プロテインマーカー，2：精製LacY 0.2 mg，3：精製LacY 0.5 mg．70 kDaあたりにみられるバンドは，とくにSDS存在下で生成されるLacYダイマー（二量体）．

謝　辞

図の作製に協力してくださったGill Vernerさんに感謝いたします．

参考文献

1) Guan, L. and Kaback, H. R.: *Annual Rev. Biophy. Biomol. Structure*, **35**, 67-91, 2006.
2) Nagamori, S., Smirnova, I. N. and Kaback, H. R.: *J. Cell Biol.*, **165**, 53-62, 2004.
3) Abramson, J. et al.: *Science*, **301**, 610-615, 2003.
4) 岩田　想：蛋白質核酸酵素，**49**, 1212-1218, 2004.
5) Miroux, B. and Walker, J. E.: *J. Mol. Biol.*, **260**, 289-298, 1996.
6) Guan, L., Smirnova I. N., Verner, G., Nagamori, S. and Kaback, H. R.: *Proc. Natl. Acad. Sci. USA*, **103**, 1723-1726, 2006.

10

出芽酵母のDNA組換えタンパク質Rad51の精製法

　出芽酵母のRad51タンパク質（以下Rad51と記述）は，*RAD51*遺伝子にコードされ，分子量は約43 kDaである[1]．また，大腸菌RecAタンパク質（以下RecAと記述）のホモログであり，出芽酵母の遺伝子相同的組換えにおいて相同なDNA間の対合に中心的役割を担っている．Rad51の精製法は，いくつかの研究グループが出芽酵母[2]，バキュロウイルス[3]，大腸菌[1,4]で発現精製したことを報告しているが，ここでは著者が用いている大腸菌での方法を述べる．Rad51は大腸菌RecAとカラムクロマトグラフィーでの挙動も似ているため，大腸菌からの精製を行う際にRecAの混入を防ぐために*recA*遺伝子欠損株を用いることが肝要である．

準備するもの

1. 器具，機械
- 振とう培養機
- 20 L培養槽（New Branswick Scientific製）
- 超遠心機（日立製）
- 高速冷却遠心機（TOMY製）
- スターラー
- テフロンホモジナイザー（50 mL容）
- FPLCシステム（GE Healthcare Bio-Science製）
- 電気伝導度計
- 分光光度計
- SDS-ポリアクリルアミドゲル電気泳動装置

2. 試　薬
- LB培地（1%トリプトン，0.5%酵母エキス，1% NaCl，pH 7.5）
- グルコース
- 1 M IPTG（イソプロピル-β-D-チオガラクトピラノシド）：フィルター滅菌したもの．
- 100 mg/mLアンピシリン：フィルター滅菌したもの．
- 34 mg/mLクロラムフェニコール（90%エタノールに溶解）

- 消泡剤： Antiform A（Sigma 製）
- 液体窒素またはドライアイスで冷却したエタノール
- 1 M Tris-HCl（pH 8.0）
- 1 M Tris-HCl（pH 7.5）
- 1 M DTT（ジチオスレイトール）
- 0.5 M EDTA
- グリセリン
- スクロース
- 0.5 M PMSF（phenylmethylsulfonyl fluoride）： ジメチルホルムアミドに溶解．
- リゾチーム
- KCl
- 8% Brij 58（polyoxyethylene hexadecyl ether）
- 10% Polymin-P（BDH Lab 製）： 塩酸で pH 7.5〜7.9 に調整．
- 2-メルカプトエタノール
- NaCl
- 1 M K-PO$_4$（pH 6.8）： 1 M KH$_2$PO$_4$ を KOH で pH 6.8 に調整．
- 硫酸アンモニウム（硫安）： 細かく粉砕したもの．
- Protein Assay Kit（Bio-Rad 製）

3. カラム

- Q-Sepharose Fast Flow（GE Healthcare Bio-Science 製）
- Hydroxyapatite Bio-Gel HTP（Bio-Rad 製）
- Sephacryl S300 High Resolution（GE Healthcare Bio-Science 製）
- MonoQ HR5/5（GE Healthcare Bio-Science 製）

4. 試薬の調製

以下のすべてのバッファーの調製には超純水を用い，オートクレーブ滅菌を行い，4°Cで保存する．

リシスバッファー		最終濃度
1 M Tris-HCl（pH 8.0）	30 mL	50 mM
0.5 M EDTA	3.6 mL	3 mM
KCl	8.95 g	200 mM
スクロース	120 g	20 %

全量	600 mL	200 mL ずつ
		3本のボトルに分注

使用直前に 200 mL に対して以下のものを撹拌しながら加える．

1 M DTT	2 mL	10 mM
0.5 M PMSF[注1]	0.4 mL	1 mM

バッファー A ＋ 200 mM NaCl		最終濃度
1 M Tris–HCl (pH 7.5)	100 mL	50 mM
0.5 M EDTA	4 mL	1 mM
NaCl	23.4 g	200 mM
グリセリン	200 mL	10 %
全量	2,000 mL	

[注1] PMSF を加えるときは，バッファーをスターラーを用いて撹拌しながらピペットの先をバッファーの中に差し込んで少しずつ溶かし込んでいくとよい．

使用直前に以下のものを撹拌しながら加える．

2-メルカプトエタノール	0.7 mL	5 mM
0.5 M PMSF[注1]	2 mL	0.5 mM

バッファー A ＋ 500 mM NaCl		最終濃度
1 M Tris–HCl (pH 7.5)	5 mL	50 mM
0.5 M EDTA	0.2 mL	1 mM
NaCl	2.92 g	500 mM
グリセリン	10 mL	10 %
全量	100 mL	

使用直前に以下のものを撹拌しながら加える．

2-メルカプトエタノール	35 μL	5 mM
0.5 M PMSF[注1]	0.1 mL	0.5 mM

バッファー A ＋ 1.1 M NaCl		最終濃度
1 M Tris–HCl (pH 7.5)	10 mL	50 mM
0.5 M EDTA	0.4 mL	1 mM
NaCl	12.9 g	1.1 M
グリセリン	20 mL	10 %
全量	200 mL	

使用直前に以下のものを撹拌しながら加える．

2-メルカプトエタノール	0.07 mL	5 mM
0.5 M PMSF[注1]	0.2 mL	0.5 mM

バッファー A[注2]		最終濃度

[注2] FPLC システム用のため，フィルター（φ＝0.02 μm）を用いて溶液中の微粒子を除去することが望ましい．

1 M Tris–HCl (pH 7.5)	50 mL	50 mM
0.5 M EDTA	2 mL	1 mM
グリセリン	100 mL	10 %
全量	1,000 mL	

使用直前に以下のものを撹拌しながら加える．

2-メルカプトエタノール	0.35 mL	5 mM
0.5 M PMSF[注1]	1 mL	0.5 mM

バッファー A[注2] ＋ 1 M NaCl　　　　　　　　　最終濃度

1 M Tris–HCl (pH 7.5)	50 mL	50 mM
0.5 M EDTA	2 mL	1 mM
NaCl	58.4 g	1.0 M
グリセリン	100 mL	10 %
全量	1,000 mL	

使用直前に以下のものを撹拌しながら加える．

2-メルカプトエタノール	0.35 mL	5 mM
0.5 M PMSF[注1]	1 mL	0.5 mM

バッファー A[注2] ＋ 200 mM NaCl　　　　　　最終濃度

1 M Tris–HCl (pH 7.5)	50 mL	50 mM
0.5 M EDTA	2 mL	1 mM
NaCl	11.7 g	200 mM
グリセリン	100 mL	10 %
全量	1,000 mL	

使用直前に以下のものを撹拌しながら加える．

2-メルカプトエタノール	0.35 mL	5 mM
0.5 M PMSF[注1]	1 mL	0.5 mM

バッファー B[注2]　　　　　　　　　　　　　　　最終濃度

1 M K-PO$_4$ (pH 6.8)	5 mL	10 mM
NaCl	1.46 g	50 mM
グリセリン	50 mL	10 %
全量	500 mL	

使用直前に以下のものを撹拌しながら加える．

2-メルカプトエタノール	0.18 mL	5 mM
0.5 M PMSF[注1]	0.2 mL	0.2 mM

バッファーB[注2] + 400 mM K-PO$_4$		最終濃度
1 M K-PO$_4$ (pH 6.8)	200 mL	400 mM
NaCl	1.46 g	50 mM
グリセリン	50 mL	10 %
全量	500 mL	

使用直前に以下のものを撹拌しながら加える．

2-メルカプトエタノール	0.18 mL	5 mM
0.5 M PMSF[注1]	0.2 mL	0.2 mM

バッファーC[注2]		最終濃度
1 M Tris-HCl (pH 7.5)	10 mL	20 mM
0.5 M EDTA	0.2 mL	0.2 mM
グリセリン	25 mL	5 %
全量	500 mL	

使用直前に以下のものを撹拌しながら加える．

2-メルカプトエタノール	0.18 mL	5 mM
0.5 M PMSF[注1]	0.2 mL	0.2 mM

バッファーC[注2] + 1 M KCl		最終濃度
1 M Tris-HCl (pH 7.5)	10 mL	20 mM
0.5 M EDTA	0.2 mL	0.2 mM
KCl	37.3 g	1.0 M
グリセリン	25 mL	5 %
全量	500 mL	

使用直前に以下のものを撹拌しながら加える．

2-メルカプトエタノール	0.18 mL	5 mM
0.5 M PMSF[注1]	0.2 mL	0.2 mM

Radバッファー（保存用バッファー）		最終濃度
1 M Tris-HCl (pH 7.5)	20 mL	20 mM
0.5 M EDTA	0.2 mL	0.1 mM
KCl	7.46 g	100 mM
グリセリン	100 mL	10 %
全量	1,000 mL	

使用直前に以下のものを撹拌しながら加える．

1 M DTT	1 mL	1 mM
0.5 M PMSF[注1]	0.04 mL	0.02 mM

プロトコール

1. 菌　　株

recA 遺伝子を欠失した *E. coli* BLR（DE3），pLys S（Novagen製）を pET3a-*RAD51*（pET3a ベクター（Novagen製）に *RAD51* ORF を挿入したもの）を用いて形質転換した株．

2. 培　　養

① ストックから 0.4 % グルコース，100 μg/mL アンピシリン，34 μg/mL クロラムフェニコールを含む LB-1.5% 寒天培地に植菌し，37℃で 1 晩培養する．

② 数個のコロニーを 1 L の同濃度のグルコース，アンピシリン，クロラムフェニコールを含む LB 培地に植菌し，25℃で 1 晩振とう培養する．

③ 20 L 培養槽に 12 L の 100 μg/mL アンピシリンを含む LB 培地を用意し，菌の濁度（OD_{600}）が 0.1 になるように植菌し，25℃で通気培養する．泡立ちが激しいときは滅菌した消泡剤を約 0.2 mL 加えるとよい．

④ 濁度が 0.8 となったら 1 M IPTG を 5 mL 添加し，さらに 3 時間培養を続ける．

⑤ 培養終了後，高速冷却遠心機（TOMY製）で BH-17 ローターを用い，4℃で 5,000 rpm，5 分の遠心で集菌する．

⑥ 菌体を約 100 mL のリシスバッファーに懸濁し，1 本の遠心チューブにまとめ，再度遠心し菌体を回収する．

⑦ 菌体の重さを測定し，1 容量のリシスバッファー（1 mL/1 g 菌体）に懸濁し，500 mL 容プラスチックボトル（試薬の空きビンなど）に入れ，液体窒素で急速に凍結し，−80℃で保存する．

⑧ 以上の培養操作を繰り返し約 80 g の菌体を回収する．

3. 菌体の破砕と粗抽出液の調製

以下の操作は，氷上または 4℃で行う．

① プラスチックボトルに入った凍結した菌体（80 g）に 2 容量（160 mL）のリシスバッファーを加え，氷水中で振とうしながら解凍する．

② 菌懸濁液を 6 本の超遠心チューブ（日立製 RP42 ローター用）に等量ずつ分注する（50 mL/チューブ）．

濁度が 2 倍になるには 1 時間 10 分〜1 時間 40 分要する．

培養槽を用いないときは，三角フラスコなどを用いて振とう培養を繰り返してもよい．

③ 各チューブに 100 mg/mL リゾチーム（使用直前にリシスバッファーに溶解）を 0.5 mL ずつ（最終濃度 1 mg/mL）加え，穏やかに転倒撹拌した後，氷上に 30 分放置する．

④ 各チューブに 8% Brij 58 を 2.5 mL ずつ（最終濃度 0.4%）加え穏やかに転倒撹拌した後，氷上で 30 分放置する．

⑤ 100,000×g（日立製 RP42 ローター，36,000 rpm）で 1 時間超遠心し，上清を回収（画分 I，220 mL，2,000 mg）する．

> 各画分の液量とタンパク質量の目安として参考にしていただきたい．

4. Polymin-P, 硫酸アンモニウム沈殿および透析

① 画分 I（220 mL）を 300 mL 容ビーカーに入れ氷上でスターラーを用いて撹拌しながら，10% Polymin-P を 6.6 mL（最終濃度 0.3%）を 5〜10 分かけてゆっくり滴下する．

② Polymin-P を加え終えてからさらに 20 分撹拌した後，20,000×g（TOMY 製 BH-4 ローター，12,000 rpm）で 10 分遠心し，沈殿を回収する．

③ 沈殿にバッファー A + 500 mM NaCl を 80 mL 加え，テフロンホモジナイザーを用いて沈殿を懸濁し，200 mL 容ビーカーに入れ氷上でスターラーを用いて 20 分間撹拌した後，20,000×g で 10 分遠心し，沈殿を回収する．

④ 沈殿にバッファー A + 1.1 M NaCl を 160 mL 加え，テフロンホモジナイザーを用いて沈殿を懸濁し，300 mL 容ビーカーに移し氷上でスターラーを用いてさらに 1 時間撹拌した後，20,000×g で 10 分遠心し，上清を回収する．

⑤ 上清（160 mL）をスターラーで撹拌しながら細かく粉砕した硫酸アンモニウムを 35% 飽和（33.6 g：上清 1 mL に対して 0.21 g）になるように少量ずつ 10〜20 分かけて加え，さらに 30 分間撹拌した後，20,000×g で 10 分遠心し，沈殿を回収する．

⑥ 沈殿を 5〜10 mL のバッファー A + 200 mM NaCl に溶解し，2 L のバッファー A + 200 mM NaCl に対して氷上でスターラーで撹拌しながら 12〜16 時間（1 晩）の透析を行う．

> この過程で塩濃度を 200 mM 未満に下げると Rad51 の沈殿が生じることがあるので注意が必要である．

⑦ 透析終了後，沈殿が生じたときは，20,000×g（TOMY 製 BH-4 ローター，12,000 rpm）で 10 分遠心し，上清を回収する（画分 II，9.8 mL，100 mg）．

5. Q-セファロースカラムクロマトグラフィー

カラムクロマトグラフィーの操作は FPLC システムを用いる．

① 画分 II をバッファー A + 200 mM NaCl で平衡化した Q-

Sepharose Fast Flow カラム（φ＝1.6×10 cm）に負荷する．1 mL/min の流速で行い，フラクションコレクターで 5 mL ずつ分取する．

② 45 mL のバッファー A ＋ 200 mM NaCl でカラムを洗浄する．

③ タンパク質は，150 mL の NaCl による直線濃度勾配（200 mM から 600 mM）により溶出し，フラクションコレクターで 3 mL ずつ分取する．

④ 2～3 フラクションごとに溶出されたタンパク質量を測定する（Bio-Rad 製 Protein Assay Kit：BSA standard）．

⑤ 10 フラクションごとに 10 μL サンプリングし，超純水で 100 倍に希釈してから電気伝導度計で電気伝導度を測定する．このとき，カラムに使用したバッファー A とバッファー A ＋ 1 M NaCl を用いて検量線を作成し，各フラクションの塩濃度を計算する．

⑥ SDS-ポリアクリルアミドゲル電気泳動によりタンパク質の溶出されたフラクションを分析する．このとき Rad51 は最も濃いバンドとして観察されるはずである（図 10.1）．Rad51 のピークフラクション（360～400 mM NaCl で溶出）を回収する（画分 III，21 mL，47 mg）．

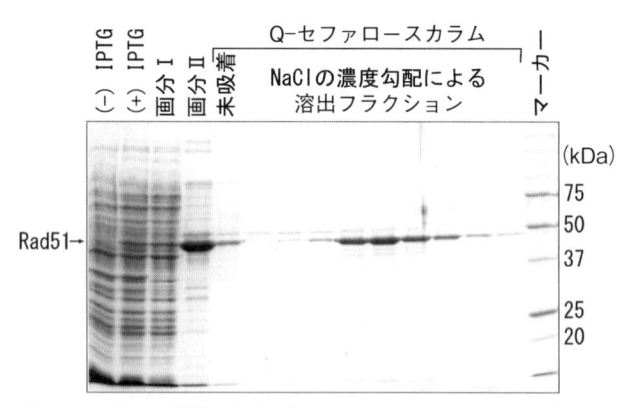

図 10.1 Rad51 の発現および Q-セファロースカラムクロマトグラフィーにより溶出した試料の SDS-ポリアクリルアミドゲル電気泳動（クマシブリリアントブルーにより染色した結果）

6. ハイドロキシアパタイトカラムクロマトグラフィー

① 画分 III をバッファー B で平衡化した Hydroxyapatite Bio-Gel HTP（φ＝1.5×6.2 cm）に負荷する（流速は 0.34 mL/min，4 mL ずつ分画する）．

② 12 mL のバッファー B でカラムを洗浄する．

③ タンパク質は，100 mL の K-PO$_4$ による直線濃度勾配（10 mM

朝倉書店〈生物科学関連書〉ご案内

遺伝学事典
東江昭夫・徳永勝士・町田泰則編
A5判 344頁 定価13650円（本体13000円）(17124-2)

遺伝学および遺伝子科学の全体を見渡すことができるように、キーとなる概念や用語を、中項目主義で解説した事典。第一線の研究者が、他の項目との関連に留意して、わかりやすく執筆したもので、遺伝およびバイオサイエンスに興味・関心のある学生、研究者・教育者に好適。〔内容〕I. 古典遺伝学（細胞遺伝学）, II. 分子遺伝学／分子生物学, III. 発生, IV. 集団遺伝学／進化, V. ヒトの遺伝学, VI. バイオテクノロジーの6編により構成

魚の科学事典
谷内　透他編
A5判 612頁 定価21000円（本体20000円）(17125-0)

日本人にとって魚類は"生物として"、"漁業資源として"、"文化として"大きな関心がもたれている。本書はそれらを背景に食文化や民俗的観点も含めて"魚"を科学的・体系的に把握する。また折々に豊富なコラムも交えて魚のすべてをわかりやすく展開。〔内容〕＜1．魚の構造と機能編＞魚の分類と形態／魚の解剖・生理／魚の生態／魚の環境：＜2．魚と漁業編＞魚と漁獲／魚と増養殖／魚と資源：＜3．魚と文化編＞魚と健康／魚と食文化／魚と民俗・伝承

細胞生物学事典
石川　統・黒岩常祥・永田和宏編
A5判 468頁 定価16800円（本体16000円）(17118-8)

細胞生物学全般を概観できるよう約300項目を選定。各項目1ないし2ページで解説した中項目の事典。〔主項目〕アクチン／アテニュエーション／RNA／αヘリックス／ES細胞／イオンチャネル／イオンポンプ／遺伝暗号／遺伝子クローニング／インスリン／インターロイキン／ウイルス／ATP合成酵素／オペロン／核酸／核膜／カドヘリン／幹細胞／グリア細胞／クローン生物／形質転換／原核生物／光合成／酵素／細胞核／色素体／真核細胞／制限酵素／中心体／DNA，他

オックスフォード 植物学辞典
駒嶺　穆監訳　藤村達人・邑田　仁編訳
A5判 560頁 定価10290円（本体9800円）(17116-1)

定評ある"Oxford Dictionary of Plant Science"の日本語版。分類、生態、形態、生理・生化学、遺伝、進化、植生、土壌、農学、その他、植物学関連の各分野の用語約5000項目に的確かつ簡潔な解説をした五十音配列の辞典。解説文中の関連用語にはできるだけ記号を付しその項を参照できるよう配慮した。植物学だけでなく農学・環境科学・地球科学およびその周辺領域の学生・研究者・技術者さらには植物学に関心のある一般の人達にとって座右に置いてすぐ役立つ好個の辞典

オックスフォード 動物学辞典
木村一郎・佐藤寅夫・藤沢弘介・野間口隆訳
A5判 616頁 定価14700円（本体14000円）(17117-X)

定評あるオックスフォードの辞典シリーズの一冊"Zoology"の翻訳。項目は五十音配列とし読者の便宜を図った。動物学が包含する次のような広範な分野より約5000項目を選定し解説されている。——動物の行動，動物生態学，動物生理学，遺伝学，細胞学，進化論，地球史，動物地理学など。動物の分類に関しても，節足動物，無脊椎動物，魚類，は虫類，両生類，鳥類，哺乳類などあらゆる動物を含んでいる。遺伝学，進化論研究，哺乳類の生理学に関しては最新の知見も盛り込んだ

朝倉植物生理学講座
ゲノム科学の進展をふまえた21世紀の植物生理学

1. 植物細胞
駒嶺 穆総編集　西村幹夫編
A5判 196頁 定価3990円（本体3800円）（17655-4）

細胞の構造・機能とオルガネラの分化の最新研究を明快に解説。〔内容〕植物細胞の機能と構造のダイナミクス／細胞の構築／単膜系オルガネラとその分化／複膜系オルガネラとその分化／細胞オルガネラの動態／オルガネラの起源とその進化

2. 代謝
駒嶺 穆総編集　山谷知行編
A5判 192頁 定価3780円（本体3600円）（17656-2）

分子レベルの研究の進展は、より微視的かつ動的な解析方法による植物代謝への理解を深めている。本書はその最新研究を平易に解説する。〔内容〕代謝調節／エネルギー代謝／水代謝／窒素代謝／炭素代謝／イオウ代謝／脂質代謝／二次代謝

3. 光合成
駒嶺 穆総編集　佐藤公行編
A5判 208頁 定価4095円（本体3900円）（17657-0）

〔内容〕概説／光合成色素系／光合成反応中心での電子移動とエネルギー変換反応／ATP合成系／炭素同化系／細胞レベルでの光合成機能／個葉・個体レベルでの光合成／群落の光合成と物質生産／光環境の移動に伴う光合成系／光合成工学

4. 成長と分化
駒嶺 穆総編集　福田裕穂編
A5判 216頁 定価3990円（本体3800円）（17658-9）

植物細胞の分裂，成長，分化などについて基礎的な知見からシロイヌナズナを用いた最先端の研究まで重要なことがらを第一線研究者により易しく解説。〔内容〕植物ホルモン／細胞分裂／細胞伸長／細胞・組織分化／個体形成／生活環の制御

5. 環境応答
駒嶺 穆総編集　寺島一郎編
A5判 228頁 定価4095円（本体3900円）（17659-7）

ストレスや刺激など植物環境と応答に関する研究は近年著しい進展をしている。本書はその最前線を平易に紹介する。〔内容〕光／水分環境／温度／環境と生物のリズム／栄養塩，化学物質／物理的な刺激／病原体／傷害／環境応答の生理生態学

ヘイウッド 花の大百科事典
V.H.ヘイウッド著　大沢雅彦監訳
A4判 352頁 定価37800円（本体36000円）（17114-5）

25万種にもおよぶ世界中の"花の咲く植物＝顕花植物／被子植物"の特徴を，約300の科別に美しいカラー図版と共に詳しく解説した情報満載の本。ガーデニング愛好家から植物学の研究者まで幅広い読者に向けたわかりやすい記載と科学的内容。〔内容〕【総論】顕花植物について／分類・体系／構造・形態／生態／利用／用語集【各科の解説内容】概要／分布（分布地図）／科の特徴／分類／経済的利用【収載した科の例】クルミ科／スイレン科／バラ科／ラフレシア科／アカネ科／ユリ科他多数

トロール 図説植物形態学ハンドブック
【上・下巻：2分冊】
W.トロール著　中村信一・戸部 博訳
B5判 804頁 定価29400円（本体28000円）（17115-3）

肉眼的観察に役立つ，植物の外部形態を多数のイラスト・写真（745図）で解説した古典的名著の簡約版。全75章にわたる実用的入門書。〔内容〕種子植物の原型／種子の形態と胚の状態／実生／ロゼット植物の成長／普通葉の比較／木本植物の実生／托葉由来の脚部／葉序と葉の姿勢／葉面の凹凸／単子葉植物／「かぶら」植物／根茎植物／花の構造／花の相称性／アヤメ科の花／単子葉植物の液果／ブナ目ブナ科の果実／翼葉と分離果／多心皮の果実／総穂花序／散形花序／集散花序／他

シリーズ〈応用動物科学／バイオサイエンス〉
分子から生態まで，バイオの世界をコントロールする

1. 応用動物科学への招待
舘 鄰著
A5判 160頁 定価2940円（本体2800円）（17661-9）

食料・環境・医療などの限界を超えるための生命科学の様々な試みと応用技術を生き生きと描く。〔内容〕生命のストラテジー／グリーン革命－光合成をする動物／ボディー革命／生殖革命－雄はなくとも／発生革命－万能細胞／生態革命－絶滅他

2. 動物のからだづくり ―形態発生の分子メカニズム―
武田洋幸著
A5判 148頁 定価2940円（本体2800円）（17662-7）

脊椎動物はどのように体を作っていくのか？体軸形成を中心に発生段階の分子機構を解明する。〔内容〕体軸形成／初期発生／発生学の手法／一次誘導／中胚葉誘導／オーガナイザー因子とBMP／中枢神経軸／体節／シグナル伝達経路／左右軸／他

3. 脳とプリオン ―狂牛病の分子生物学―
小野寺節・佐伯圭一著
A5判 100頁 定価2730円（本体2600円）（17663-5）

この10年大発生している「人畜共通」の危険な新型感染症の分子生物学的メカニズムを詳述する。〔内容〕プリオン病とは（スクレイピー／プリオン遺伝子他）／動物からヒトへのプリオン病（牛海綿状脳症：狂牛病）／ヒトプリオン病の生物学

4. 細胞のコントロール
小野寺一清著
A5判 112頁 定価2730円（本体2600円）（17664-3）

細胞の分裂，分化，そして細胞の死。ガン細胞や神経細胞を中心に，細胞のサイクルを制御する方法を解説。〔内容〕細胞分裂の制御／細胞分化の制御／ウイルス遺伝子による制御／低分子有機化合物による制御／細胞工学／遺伝子治療への道／他

5. 宇宙の生物学
井尻憲一著
A5判 152頁 定価2940円（本体2800円）（17665-1）

宇宙では生物はどうなるか？スペースシャトルでの実験を中心に，無重力や放射線等の影響を探る〔内容〕ゾウリムシと培養細胞／リンパ球の宇宙実験／宇宙での発生／無重力の骨・筋肉／重力の感受機構／宇宙のメダカ／放射線と生命，DNA 他

6. 哺乳類の卵細胞
佐藤英明著
A5判 128頁 定価2730円（本体2600円）（17666-X）

クローン動物や生殖医療はどう行うか。発生・生殖の基礎である卵細胞とその応用技術を解説する〔内容〕卵子の発見／卵細胞の誕生と死滅／体外培養の挑戦／卵母細胞の成熟と卵丘膨化／受精と単為発生／卵胞の選抜と血管／卵細胞研究の未来他

7. 初期発生の遺伝子コントロール ―哺乳類の着床前胚の発生―
山田雅保著
A5判 112頁 定価2730円（本体2600円）（17667-8）

哺乳類をいかにして誕生させるか？クローン動物やキメラ発生のための胚細胞遺伝子の調節法とは〔内容〕胚性ゲノムの活性化／DNAのメチル化・核移植／遺伝子調節機構／卵割／細胞間接着／胚盤胞形成と細胞分化／胚の生存性と形態形成／他

8. トランスジェニック動物
東條英昭著
A5判 152頁 定価2940円（本体2800円）（17668-6）

DNAの組換えやES細胞を用い動物の遺伝子を操作するトランスジェニック技術とその発展を解説〔内容〕バイオテクノロジーの発展／遺伝子の構造と発現／導入遺伝子／導入法／遺伝子ノックアウト／遺伝子改変動物の利用／DNA顕微注入法他

9. 癒傷の生物学
竹内重夫著
A5判 144頁 定価2730円（本体2600円）（17669-4）

「自分を修復する」ことが生物最大の特徴である。生物の修復＝癒傷のしくみを分子・細胞から解説。〔内容〕動物の自己修復能／皮膚の癒傷（皮膚の構造・癒傷の過程他）／細胞の運動（細胞骨格・運動の方向他）／再表皮化（形態学・上皮細胞他）／他

10. 無脊椎動物の発生
嶋田拓・中坪敬子著
A5判 144頁 定価2940円（本体2800円）（17676-7）

海綿動物からナメクジウオまで多様な無脊椎動物の発生パターンと遺伝子レベルの調節機構を解説。〔内容〕発生の進化的側面／配偶子と受精／卵割／嚢胚形成／さまざまな無脊椎動物の発生／ウニの発生／遺伝子機構／中胚葉の出現と動物の進化他

11. 都市のみどりと鳥
加藤和弘著
A5判 132頁 定価2730円（本体2600円）（17677-5）

都市のみどりはどのように生物を育んでいるか？鳥に焦点を当て，都市の環境と生態の関係を解説。〔内容〕都市のみどり／都市で見られる鳥／鳥類相の調査／植生の構造と生息する鳥類／樹林地の配置と鳥類群集／都市のみどりとハシブトガラス他

図説生物学30講〈動物編〉1 **生命のしくみ30講**	石原勝敏著 B5判 184頁 定価3045円(本体2900円)(17701-1)	生物のからだの仕組みに関する30の事項を，図を豊富に用いて解説。細胞レベルから組織・器官レベルの話題までをとりあげる。章末のTea Timeの欄で興味深いトピックスを紹介。〔内容〕酵素の発見／細胞の極性／上皮組織／生殖器官／他
図説生物学30講〈動物編〉2 **動物分類学30講**	馬渡峻輔著 B5判 192頁 定価3570円(本体3400円)(17702-X)	動物がどのように分類され，学名が付けられるのかを，具体的な事例を交えながらわかりやすく解説する。〔目次〕生物の世界を概観する／生物の普遍性・多様性／分類学の位置づけ／研究の実例／国際命名規約／種とは何か／種分類の問題点／他
図説生物学30講〈植物編〉1 **植物と菌類30講**	岩槻邦男著 B5判 168頁 定価3045円(本体2900円)(17711-9)	植物または菌類とは何かという基本定義から，各々が現在の姿になった過程，今みられる植物や菌類たちの様子など，様々な話題をやさしく解説。〔内容〕藻類の系統と進化／種子植物の起源／陸上生物相の進化／シダ類の多様性／担子菌類
分子細胞生物学	多賀谷光男著 B5判 208頁 定価4200円(本体4000円)(17110-2)	生命を分子・細胞レベルで理解できるよう纏めた教科書。〔内容〕細胞：生命の単位／細胞研究法／生体膜の構造と機能／物質輸送／オルガネラと細胞輸送／シグナル伝達機構／細胞骨格／微小管／細胞の増殖と死／細胞間結合と細胞外マトリックス
図説神経科学1 **神経生物学入門**	工藤佳久著 B5判 160頁 定価3675円(本体3500円)(17595-7)	神経生物学の基礎を本文と図を見開きにおさめ，平易に解説した教科書。〔内容〕神経細胞と膠細胞／情報の発生と伝導／シナプス伝達と神経伝達物質／神経伝達物質受容体の多様性／脳体性感覚／特殊感覚／運動制御機構／記憶／情動／心／他
図説神経科学2 **神経薬理学入門**	工藤佳久著 B5判 160頁 定価3675円(本体3500円)(17596-5)	神経薬理学について平易に解説した教科書。〔内容〕薬物作用の発見／中枢興奮薬／全身麻酔薬／局所麻酔薬／解熱性鎮痛薬／麻薬性鎮痛薬／睡眠薬／アルコール類／抗不安薬／精神機能に作用する薬物／抗精神病薬／抗うつ薬／抗痴呆薬／他
細胞核の分子生物学 ―クロマチン・染色体・核構造―	水野重樹編 A5判 224頁 定価4725円(本体4500円)(17123-4)	現在世界的に急速に進展しているクロマチン，染色体，核構造をめぐる研究の成果をわかりやすく解説。〔内容〕クロマチンの構造とヒストンの修飾／クロマチンレベルの転写制御機構／DNA複製の機構／核と細胞質間の分子流通機構／他
図説日本の植生	福嶋 司・岩瀬 徹編著 B5判 164頁 定価5670円(本体5400円)(17121-8)	生態と分布を軸に植生の姿を平易に図説化。待望の改訂。〔内容〕日本の植生の特徴／変遷史／亜熱帯・暖温帯／中間温帯／冷温帯／亜寒帯・亜高山帯／高山帯／湿原／島嶼／二次草原／都市／寸づまり現象／平尾根効果／縞枯れ現象／季節風効果
植物生態学 ―Plant Ecology―	寺島一郎他著 A5判 448頁 定価7875円(本体7500円)(17119-6)	21世紀の新しい植物生態学の全体像を体系的に解説した定本。〔内容〕植物と環境／光合成過程／光を受ける植物の形／栄養生態／繁殖過程と遺伝構造／個体群動態／密度効果／種の共存／群集のパターン／土壌-植生系の発達過程／温暖化の影響

ISBNは4-254-を省略　　　　　　　　　　　　　　　（表示価格は2006年4月現在）

朝倉書店

〒162-8707 東京都新宿区新小川町6-29
電話 直通(03)3260-7631　FAX(03)3260-0180
http://www.asakura.co.jp　eigyo@asakura.co.jp

から 200 mM) により溶出し，2 mL ずつ分取する．

④ 2 フラクションごとに溶出されたタンパク質濃度を測定する．また，10 フラクションごとに電気伝導度を測定し，リン酸濃度を計算する．検量線の作成にはバッファー B とバッファー B + 400 mM K-PO$_4$ を用いる．

⑤ SDS-ポリアクリルアミドゲル電気泳動によりタンパク質の溶出されたフラクションを分析する．Rad51 のピークフラクション（約 70 mM K-PO$_4$ で溶出）を回収する（画分 IV, 16 mL, 14 mg）．

7. Sephacryl S300 ゲルろ過

① 画分 IV（16 mL）を遠心チューブ（TOMY 製 BH-4）に入れ，氷上でスターラーで撹拌しながら細かく粉砕した硫酸アンモニウムを 45％飽和（4.5 g：1 mL に対して 0.28 g）になるように 10～20 分かけて加える．さらに 30 分間撹拌した後，20,000 × g（TOMY 製 BH-4 ローター，12,000 rpm）で 10 分遠心し沈殿を回収する．

② 沈殿を 2 mL のバッファー A + 200 mM NaCl に溶解し，同じバッファーで平衡化した Sephacryl S300 High Resolution（ϕ = 2.2 × 41 cm）カラムに重層する．流速は 0.3 mL/min で行い，試料を重層後，50 mL のバッファーを流してからフラクションコレクターを用いて 1 mL ずつ分取する．

③ 各フラクションごとに溶出されたタンパク質濃度を測定する．

④ SDS-ポリアクリルアミドゲル電気泳動によりタンパク質の溶出されたフラクションを分析する．Rad51 のピークフラクション（排除限界近傍の高分子量フラクションに溶出）を回収する（画分 V, 4.3 mL, 5.5 mg）．

8. MonoQ カラムクロマトグラフィー

① 画分 V をバッファー C + 200 mM KCl で平衡化した MonoQ HR5/5 に負荷する（流速は 0.4 mL/min, 分取はしない）．

② 5 mL のバッファー C + 200 mM KCl でカラムを洗浄する．

③ タンパク質は，20 mL の KCl による直線濃度勾配（200 mM から 700 mM）により溶出し，0.2 mL ずつ分取する．

④ 各フラクションごとに溶出されたタンパク質濃度を測定する．また，10 フラクションごとに電気伝導度を測定し，KCl 濃度を計算する．検量線の作成にはバッファー C とバッファー C + 1 M KCl を用いる．

⑤ SDS-ポリアクリルアミドゲル電気泳動によりタンパク質の溶

Rad51 はらせん状に結合したフィラメント構造をとるのでゲルろ過では高分子に溶出される．ゲルろ過は，Rad51 画分に混入してくる低分子のヌクレアーゼを除去するために有効である．

84　IV　真核生物由来の遺伝子産物の発現・精製・結晶化

出されたフラクションを分析する．

⑥ また，Rad51 を含む各フラクションについて一本鎖 DNA 依存性 ATPase 活性を測定する（この方法は文献[5]を参照）．タンパク質のピークおよび一本鎖 DNA 依存性 ATPase 活性のピークと Rad51 のピークが一致しているはずである．約 410 mM KCl で溶出した Rad51 を回収する（画分 VI，1 mL，2.5 mg）．

⑦ SDS-ポリアクリルアミドゲル電気泳動およびタンパク質の溶出の様子を観察し，必要ならもう一度 MonoQ カラムを繰り返すとよい．

9. MonoQ カラムクロマトグラフィー（二度目）

① 画分 VI に等量のバッファー C を加えて塩濃度を下げた後，上記と同様な操作により MonoQ カラムクロマトを行う．ただし，20 mL の KCl による直線濃度勾配（200 mM から 600 mM）により溶出する（図 10.2）．

② タンパク質の定量，一本鎖 DNA 依存性 ATPase 活性を測定し，Rad51 を回収する（画分 VII 0.75 mL，0.89 mg）．

二度目の MonoQ の操作は，Rad51 の純度等を考えて省略しても差し支えない．

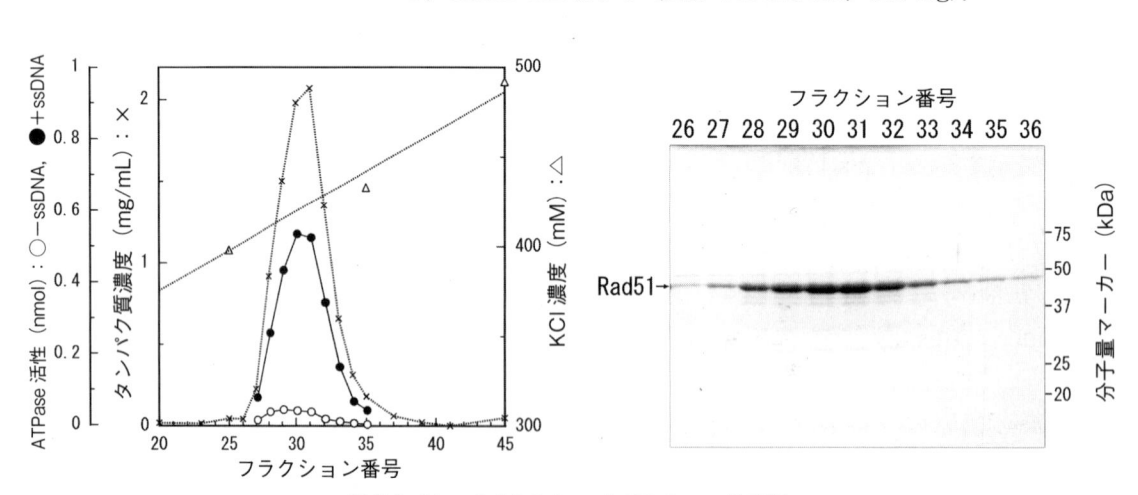

図 10.2 Mono Q カラムクロマトグラフィー（2 度目）
左：溶出された各分画のタンパク質濃度（×），KCl 濃度（△），ATPase 活性（37℃，30 分で産生された ADP の量を表記，DNA がないとき（○），一本鎖 DNA（50 μM）が存在するとき（●））．右：各分画の SDS-ポリアクリルアミドゲル電気泳動，クマシブリリアントブルーにより染色した結果．

10. 透析，Rad51 の定量

① MonoQ カラムクロマトから溶出した Rad51 画分は，1 L の Rad バッファーに対して 12～16 時間透析を行う．そして，約 30 μL ずつマイクロ遠心チューブに分注し，−80℃で保存する．この際，Rad51 がチューブに一部吸着することがあるので，タンパク

質低吸着性チューブの使用をお勧めする．

　②凍結保存した試料を解凍し，分光光度計で 280 nm の吸光度を測定する．試料の希釈，対象には透析後の Rad バッファーを用いる．分子吸光係数は，$1.29\times10^4\,\mathrm{M^{-1}cm^{-1}}$ として計算[6]する（最終 Rad51 画分 0.63 mL，36 μM Rad51）． 〔新井　直人〕

参 考 文 献

1) Shinohara, A. *et al.*: *Cell*, **69**, 457–470, 1992.
2) Sung, P.: *Science*, **265**, 1241–1243, 1994.
3) Namsaraev, E. and Berg, P.: *Mol. Cell. Biol.*, **17**, 5359–5368, 1997.
4) Arai, N. *et al.*: *J. Biol. Chem.*, **280**, 32218–32229, 2005.
5) Shibata, T. *et al.*: *Methods Enzymol.*, **100**, 197–209, 1983.
6) Sugiyama, T. *et al.*: *J. Biol. Chem.*, **272**, 7940–7945, 1997.

11

出芽酵母のDNA組換えタンパク質Rad52の精製法

　出芽酵母のRad52タンパク質（以下Rad52と記述）は，*RAD52*遺伝子にコードされている[1]．遺伝学的解析からRad52は，DNA組換え修復，遺伝子の相同的組換えに最も重要なタンパク質であると位置づけられている．またRad52は，酵母接合型転換に関わる遺伝子変換などのさまざまな遺伝的組換えや，テロメアの維持にも必要である．生化学的解析からRad52は，単独でDNAアニーリング活性を有し，Rad51と複合体を形成し，一本鎖DNAへ結合したRPA（replication protein A）をRad51と置換する活性[2,3]およびRad51による相同的対合を促進する活性[4-6]を示す．

　Rad52の翻訳は，プロモーターに最も近いスタートコドン（ATG）ではなく，3番目のATGコドンから行われ，分子量は約52 kDaである[7]．Rad52の精製法にはいくつかの研究グループが出芽酵母[7,8]，大腸菌[4,5,7,9]での発現，精製を報告しているが，ここでは筆者が用いている大腸菌での方法を述べる．

準備するもの

1. 器具，機械
   - 振とう培養機
   - 20 L 培養槽（New Branswick Scientific製）
   - 超遠心機（日立製）
   - 高速冷却遠心機（TOMY製）
   - FPLCシステム（GE Healthcare Bio-Science製）
   - 電気伝導度計
   - 分光光度計
   - SDS-ポリアクリルアミドゲル電気泳動装置

2. 試　薬
   - LB培地（1%トリプトン，0.5%酵母エキス，1% NaCl（pH 7.5））
   - グルコース
   - 1 M IPTG（イソプロピル-β-D-チオガラクトピラノシド）：フィルター滅菌したもの．

- 100 mg/mL アンピシリン： フィルター滅菌したもの．
- 34 mg/mL クロラムフェニコール： 90% エタノールに溶解．
- 消泡剤： Antiform A（Sigma 製）
- 液体窒素： またはドライアイスを加えて冷却したエタノール．
- 1 M K-PO$_4$（pH 7.4）： 1 M KH$_2$PO$_4$ を KOH で pH 7.4 に調整．
- 1 M Tris-HCl（pH 8.0）
- 1 M Tris-HCl（pH 7.5）
- 1 M DTT（ジチオスレイトール）
- 0.5 M EDTA
- グリセリン
- スクロース
- 0.5 M PMSF（phenylmethanesulfonyl fluoride）： ジメチルホルムアミドに溶解．
- リゾチーム
- KCl
- 8% Brij 58（polyoxyethylene hexadecyl ether）
- 2-メルカプトエタノール
- NaCl
- 硫酸アンモニウム（硫安）： 細かく粉砕したもの．
- Protein Assay Kit（Bio-Rad 製）

3. カラム

- SP-Sepharose Fast Flow（GE Healthcare Bio-Science 製）
- Sephacryl S300 High Resolution（GE Healthcare Bio-Science 製）
- MonoQ HR5/5（GE Healthcare Bio-Science 製）

4. 試薬の調製

以下のすべてのバッファーの調製には超純水を用い，オートクレーブ滅菌を行い，4℃で保存する．

リシスバッファー		最終濃度
1 M Tris-HCl（pH 8.0）	20 mL	50 mM
0.5 M EDTA	2.4 mL	3 mM
KCl	5.97 g	200 mM

スクロース	80 g	20 %
全量	400 mL	200 mL ずつ 2本のボトルに分注

使用直前に200 mLのリシスバッファーに対して以下のものを撹拌しながら加える．

1 M DTT	2 mL	10 mM
0.5 M PMSF[注1]	0.4 mL	1 mM

バッファー K ＋ 200 mM NaCl		最終濃度
1 M K-PO$_4$ (pH 7.4)	40 mL	20 mM
0.5 M EDTA	2 mL	0.5 mM
NaCl	23.4 g	200 mM
グリセリン	200 mL	10 %
全量	2000 mL	

[注1] PMSFを加えるときは，バッファーをスターラーを用いて撹拌しながらピペットの先をバッファーの中に差し込んで少しずつ溶かし込んでいくとよい．

使用直前に以下のものを撹拌しながら加える．

2-メルカプトエタノール	0.7 mL	5 mM
0.5 M PMSF[注1]	2 mL	0.5 mM

バッファー K[注2]		最終濃度
1 M K-PO$_4$ (pH 7.4)	20 mL	20 mM
0.5 M EDTA	1 mL	0.5 mM
グリセリン	100 mL	10 %
全量	1,000 mL	

[注2] FPLCシステムを用いるため滅菌フィルター（$\phi=0.02\ \mu m$）を用いて溶液中の微粒子を除去することが望ましい．

使用直前に以下のものを撹拌しながら加える．

2-メルカプトエタノール	0.35 mL	5 mM
0.5 M PMSF[注1]	1 mL	0.5 mM

バッファー K[注2] ＋ 1 M NaCl		最終濃度
1 M K-PO$_4$ (pH 7.4)	20 mL	20 mM
0.5 M EDTA	1 mL	0.5 mM
NaCl	58.4 g	1 M
グリセリン	100 mL	10 %
全量	1,000 mL	

使用直前に以下のものを撹拌しながら加える．

2-メルカプトエタノール	0.35 mL	5 mM
0.5 M PMSF[注1]	1 mL	0.5 mM

バッファー T[注2] + 200 mM NaCl		最終濃度
1 M Tris-HCl (pH 7.5)	20 mL	20 mM
0.5 M EDTA	1 mL	0.5 mM
NaCl	11.7 g	200 mM
グリセリン	100 mL	10 %
全量	1,000 mL	

使用直前に以下のものを撹拌しながら加える.

2-メルカプトエタノール	0.35 mL	5 mM
0.5 M PMSF[注1]	1 mL	0.5 mM

バッファー T[注2]		最終濃度
1 M Tris-HCl (pH 7.5)	10 mL	20 mM
0.5 M EDTA	0.5 mL	0.5 mM
グリセリン	25 mL	5 %
全量	500 mL	

使用直前に以下のものを撹拌しながら加える.

2-メルカプトエタノール	0.18 mL	5 mM
0.5 M PMSF[注1]	0.2 mL	0.2 mM

バッファー T[注2] + 1 M KCl		最終濃度
1 M Tris-HCl (pH 7.5)	10 mL	20 mM
0.5 M EDTA	0.5 mL	0.5 mM
KCl	37.3 g	1 M
グリセリン	25 mL	5 %
全量	500 mL	

使用直前に以下のものを撹拌しながら加える.

2-メルカプトエタノール	0.18 mL	5 mM
0.5 M PMSF[注1]	0.2 mL	0.2 mM

Rad バッファー(保存用バッファー)		最終濃度
1 M Tris-HCl (pH 7.5)	20 mL	20 mM
0.5 M EDTA	0.2 mL	0.1 mM
KCl	7.46 g	100 mM
グリセリン	100 mL	10 %
全量	1,000 mL	

使用直前に以下のものを撹拌しながら加える.

1 M DTT	1 mL	1 mM

0.5 M PMSF[注1]	0.04 mL	0.02 mM

プロトコール

1. 菌　株

recA 遺伝子を欠失した *E. coli* BLR（DE3），pLys S（Novagen製）を pET3a-*RAD52*（pET3a vector（Novagen製）に RAD52 ORF を挿入したもの）を用いて形質転換した株．

2. 培　養

① ストックから1％グルコース，100 μg/mL アンピシリン，34 μg/mL クロラムフェニコールを含む LB-1.5％寒天培地に植菌し，37℃で1晩培養する．

② コロニーを500 mL の同濃度のグルコース，アンピシリン，クロラムフェニコールを含む LB 培地に植菌し，37℃で振とう培養する．

③ 20 L 培養槽に10 L の100 μg/mL アンピシリン，10 μg/mL クロラムフェニコールを含む LB 培地を用意し，菌の濁度（OD_{600}）が0.05〜0.10になるように植菌し，30℃で通気培養する．泡立ちが激しいときは滅菌した消泡剤を約0.2 mL 加えるとよい．

④ 濁度が0.8となったら1 M IPTG を5 mL 添加し，さらに3時間培養を続ける．

⑤ 培養終了後，高速冷却遠心機（TOMY 製）で BH17 ローターを用い，4℃で5,000 rpm，5分の遠心で集菌する．

⑥ 菌体を約100 mL のリシスバッファーに懸濁し，1本の遠心チューブにまとめ，再度遠心し菌体を回収する．

⑦ 菌体の重さを測定し，1容量のリシスバッファー（1 mL/1 g 菌体）に懸濁し，500 mL 容プラスチックボトル（試薬の空きビンなど）にいれ，液体窒素で急速に凍結し，−80℃で保存する（一度の培養で約30 g の菌体を回収できる）．

3. 菌体（30 g）の破砕と粗抽出液の調製

以下の操作は，氷上または4℃で行う．

① プラスチックボトルに入った凍結した菌体に2容量のリシスバッファー（60 mL）を加え，氷水中で振とうしながら解凍する．

② 菌懸濁液を2本の超遠心チューブ（日立製 RP42 ローター用）

濁度が2倍になるには約45分要する．

培養槽を用いないときは，三角フラスコ等を用いて振とう培養を繰り返してもよい．

の等量ずつ分注する（55 mL/チューブ）．

③各チューブに 100 mg/mL リゾチーム（使用直前にリシスバッファーに溶解）を 0.55 mL ずつ（最終濃度 1 mg/mL）加え穏やかに転倒撹拌した後，氷上で 30 分放置する．

④各チューブに 8% Brij 58 を 3 mL ずつ（最終濃度 0.4%）加え穏やかに転倒撹拌した後，氷上で 30 分放置する．

⑤100,000×g（日立製 RP42 ローター，36,000 rpm）で 1 時間超遠心し，上清を回収（画分 I，90 mL，1,050 mg）する．

> 各画分の液量とタンパク質量の目安として参考にしていただきたい．

4. 硫酸アンモニウム沈殿および透析

①画分 I（90 mL）を 100 mL 容ビーカーに入れ氷上でスターラーで撹拌しながら細かく粉砕した硫酸アンモニウムを 30% 飽和（1 mL の画分 I に対して 0.18 g）になるように 10〜20 分かけて加え，さらに 30 分間撹拌した後，20,000×g（TOMY 製 BH-4 ローター，12,000 rpm）で 10 分遠心し，沈殿を回収する．

②沈殿を 5〜10 mL のバッファー K + 200 mM NaCl に溶解し，2 L のバッファー K + 200 mM NaCl で 12〜16 時間の透析を行う．

③透析終了後，沈殿が生じたときは，20,000×g（TOMY 製 BH-4 ローター，12,000 rpm）で 10 分遠心し，上清を回収する（画分 II，12 mL，160 mg）．

5. SP-セファロースカラムクロマトグラフィー

すべてのカラムクロマトグラフィーの操作は FPLC システムを用いる．

①画分 II（12 mL）に 1/2 容量（6 mL）のバッファー K を加え，NaCl 濃度が 150 mM 相当になるように希釈する．

②バッファー K + 150 mM NaCl で平衡化した SP-Sepharose Fast Flow カラム（ϕ=1.6×5 cm）に負荷する．流速は 1 mL/min，5 mL ずつフラクションコレクターで分取する．

③30 mL のバッファー K + 150 mM NaCl でカラムを洗浄する．

④タンパク質は，90 mL の NaCl による直線濃度勾配（150 mM から 500 mM）により溶出し，2 mL ずつフラクションコレクターで分取する．

⑤2〜3 フラクションごとに溶出されたタンパク質濃度を測定する（Bio-Rad 製 Protein Assay Kit：BSA standard）．

⑥10 フラクションごとに 10 μL サンプリングし，超純水で 100 倍に希釈してから電気伝導度計で電気伝導度を測定する．このと

> Rad52 は，塩濃度を 100 mM 未満に下げると沈殿が生じることがあるので注意が必要である．

き，カラムに使用したバッファーKとバッファーK + 1 M NaClを混合して0, 0.2, 0.4, 0.6, 0.8, 1.0 M NaClを含むバッファーKを調製し，それから検量線を作成し，各フラクションのNaCl濃度を算出する．

⑦SDS-ポリアクリルアミドゲル電気泳動によりタンパク質の溶出されたフラクションを分析する．このときRad52は最も濃いバンドとして観察されるはずである（図11.1）．Rad52のピークフラクション（260～310 mM NaClで溶出）を回収する（画分III, 21 mL, 41 mg）．

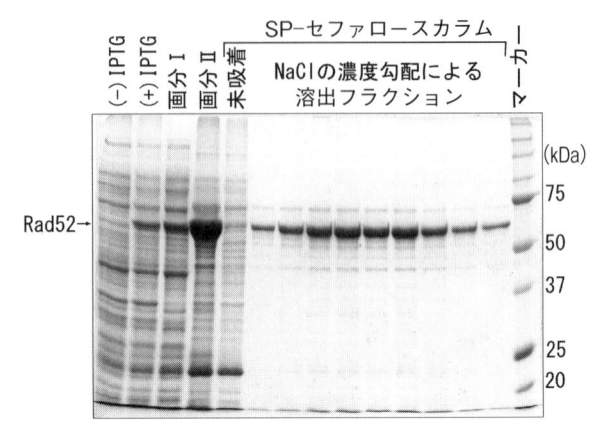

図11.1 Rad52タンパク質の発現分画およびSP-セファロースカラムクロマトグラフィー

6. Sephacryl S300 ゲルろ過

①画分IIIにスターラーで撹拌しながら細かく粉砕した硫酸アンモニウムを35%飽和（画分IIIを1 mLに対して0.21 g）になるように10～20分かけて加える．さらに30分間撹拌した後，20,000×gで10分遠心し沈殿を回収する．

②その沈殿に2 mLのバッファーT + 200 mM NaClに溶解し，同じバッファーで平衡化したSephacryl S300 High Resolution（ϕ=2.2×41 cm）カラムに重層する．流速は0.3 mL/min，試料を重層してから50 mLのバッファーを流した後，フラクションコレクターで1 mLずつ分取する．

③各フラクションごとに溶出されたタンパク質濃度を測定する（Bio-Rad製Protein Assay Kit：BSA standard）．

④SDS-ポリアクリルアミドゲル電気泳動によりタンパク質の溶出されたフラクションを分析する．Rad52のピークフラクション（排除限界近傍の高分子量フラクションに溶出）を回収する（画分IV, 8.0 mL, 15 mg）．

Rad52は，七量体のリング構造をとるのでゲルろ過では高分子に溶出される．ゲルろ過は，Rad52画分に混入してくる低分子のヌクレアーゼを除去するために有効である．

7. MonoQ カラムクロマトグラフィー

① 画分 IV（8 mL）に等量（8 mL）のバッファー T を加え，NaCl 濃度が 100 mM 相当になるように希釈し，バッファー T + 100 mM KCl で平衡化した MonoQ HR5/5 に負荷する（流速は 0.4 mL/min，分取はしない）．

② 5 mL のバッファー T + 100 mM KCl でカラムを洗浄する．

③ タンパク質は，20 mL の KCl による直線濃度勾配（100 mM から 600 mM）により溶出し，0.2 mL ずつ分取する．

④ 各フラクションごとに溶出されたタンパク質濃度を測定する（Bio-Rad 製 Protein Assay Kit：BSA standard）．また，10 フラクションごとに電気伝導度を測定し，KCl 濃度を算出する．検量線の作成にはバッファー T とバッファー T + 1 M KCl を用いる．

⑤ SDS-ポリアクリルアミドゲル電気泳動によりタンパク質の溶出されたフラクションを分析する．

⑥ 約 180 mM KCl で溶出した Rad52 を回収する．

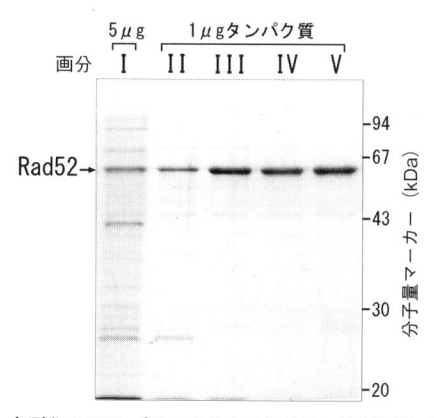

図 11.2 各画分の SDS-ポリアクリルアミドゲル電気泳動による解析

8. 透析および Rad52 の定量

① MonoQ カラムから溶出した Rad52 画分は，1 L の Rad バッファーに対して 12〜16 時間透析を行う．そして，約 30 μL ずつマイクロ遠心チューブに分注し −80℃ で保存する．

② 凍結保存した試料を解凍し，分光光度計で 280 nm の吸光度を測定する．試料の希釈，対象には透析後の Rad バッファーを用いる．分子吸光係数は，$2.43 \times 10^4 \mathrm{M}^{-1}\mathrm{cm}^{-1}$ として計算[5]する（最終画分（画分 V），1.2 mL，54 μM Rad52）．

〔新井　直人〕

Rad52
Rad52 は，50% グリセリンの入ったバッファー中で沈殿を生じるので注意が必要である．

マイクロ遠心チューブ
この際，Rad52 がチューブに一部吸着することがあるので，タンパク質の低吸着性チューブの使用をお勧めする．

参 考 文 献

1) Adzuma, K. *et al.*: *Mol. Cell Biol.*, **4**, 2735–2744, 1984.
2) New, J. H. and Kowalczykowski, S. C.: *J. Biol. Chem.*, **277**, 26171–26176, 2002.
3) Sugiyama, T. and Kowalczykowski, S. C.: *J. Biol. Chem.*, **277**, 31663–31672, 2002.
4) Arai, N. *et al.*: *J. Biol. Chem.*, **280**, 32218–32229, 2005.
5) New, J. H. *et al.*: *Nature*, **391**, 407–410, 1998.
6) Shinohara, A. and Ogawa, T.: *Nature*, **391**, 404–407, 1998.
7) Shinohara, A. *et al.*: *Genes Cells*, **3**, 145–156, 1998.
8) Sung, P.: *J. Biol. Chem.*, **272**, 28194–28197, 1997.
9) Song, B. and Sung, P.: *J. Biol. Chem.*, **275**, 15895–15904, 2000.

12

ヒトDmc1タンパク質の精製法と結晶化法

　Dmc1タンパク質は，減数分裂期特異的に発現し，相同DNA組換えの過程において要となる相同DNA対合反応を行う[1]．Dmc1は340アミノ酸からなるタンパク質で，溶液中では八量体リング構造をとり，一本鎖DNA，二本鎖DNAの両方に結合する．

　本章では，ヒトDmc1タンパク質をヒスチジンタグ（以下Hisタグとする）融合タンパク質として発現させた後，Ni-NTAアガロースカラム，スロンビンプロテアーゼによるHisタグの切除，ヘパリンセファロースカラムを用いて精製する方法と，さらに精製したDmc1を用いてX線結晶構造解析を行うことを目的とした結晶化の方法を紹介する[2]．

準備するもの

1. 器具，機械

タンパク質精製
- 振とう培養機
- 高速遠心機
- 超音波破砕機
- ローテーター
- エコノカラム
- ペリスタポンプ
- フラクションコレクター
- Centricon YM-30（Millipore製）

結晶化
- インキュベータ
- 顕微鏡
- 24ウェルプレート
- シリコナイズドカバースライド
- シリコングリース
- エアースプレー
- ピンセット

アンピシリン，クロラムフェニコールとIPTGは高濃度溶液を作成後，フィルター滅菌をし，−20℃で保存する．

2. 試　薬

- IPTG
- アンピシリン
- クロラムフェニコール
- トリス
- NaCl
- グリセロール
- 2-メルカプトエタノール
- イミダゾール
- Complete EDTA-free（Roche 製）
- 4-APMSF（(4-amidino-phenyl)-methylsulfonyl fluoride）
- KCl
- EDTA
- スロンビンプロテアーゼ（GE Healthcare Bio-Science 製）
- 1 M クエン酸ナトリウム（pH 5.8, Hampton Research 製）
- 2 M $MgCl_2$（Hampton Research 製）
- 50% PEG2000 MME（Hampton Research 製）
- LB 培地（1% トリプトン，0.5% 酵母エキス，1% NaCl, pH 7.5）
- SOC 培地（2% トリプトン，0.5% 酵母エキス，0.05% NaCl, 2.5 mM KCl, 10 mM $MgCl_2$, 20 mM グルコース，pH 7.0）

3. カ ラ ム

- Ni-NTA アガロース（Qiagen 製）
- ヘパリンセファロース（GE Healthcare Bio-Science 製）

4. 試薬の調製

バッファー A		最終濃度
1 M Tris-HCl（pH 8.0）	10 mL	50 mM
NaCl	5.844 g	0.5 M
グリセロール	20 mL	10 %
2-メルカプトエタノール[注1]	156.2 μL	10 mM
全量	200 mL	

使用直前に Complete EDTA-free 4 タブレットを溶解．

バッファー B		最終濃度
1 M Tris-HCl（pH 8.0）	10 mL	50 mM

[注1]
2-メルカプトエタノールは，水溶液中での分解が早いので，バッファーA〜F の使用直前に添加する．

Complete は EDTA を含むプロテアーゼインヒビターのカクテルである．EDTA が Ni と His タグの結合を阻害するため，Ni-NTA 樹脂を用いた His タグ融合タンパク質の精製の際は Complete EDTA-free を使用する．

NaCl	5.844 g	0.5 M
グリセロール	20 mL	10 %
イミダゾール	0.068 g	5 mM
2-メルカプトエタノール[注1]	156.26 μL	10 mM
全量	200 mL	

バッファー C		最終濃度
1 M Tris-HCl (pH 8.0)	2.5 mL	50 mM
NaCl	1.461 g	0.5 M
グリセロール	5 mL	10 %
イミダゾール	1.02 g	300 mM
2-メルカプトエタノール[注1]	39.07 μL	10 mM
全量	50 mL	

バッファー D		最終濃度
1 M Tris-HCl (pH 8.0)	300 mL	50 mM
KCl	89.46 g	0.2 M
0.5 M EDTA	6 mL	0.5 mM
グリセロール	600 mL	10 %
2-メルカプトエタノール[注1]	4.688 mL	10 mM
全量	6 L	

バッファー E		最終濃度
1 M Tris-HCl (pH 8.0)	2.5 mL	50 mM
KCl	4.473 g	1.2 M
0.5 M EDTA	50 μL	0.5 mM
グリセロール	5 mL	10 %
2-メルカプトエタノール[注1]	39.07 μL	10 mM
全量	50 mL	

バッファー F		最終濃度
1 M Tris-HCl (pH 8.0)	40 mL	20 mM
KCl	7.455 g	50 mM
0.5 M EDTA	1 mL	0.25 mM
2-メルカプトエタノール[注1]	1.563 mL	10 mM
全量	2 L	

リザーバー溶液		最終濃度
1 M クエン酸ナトリウム (pH 5.8)	50 μL	0.1 M
2 M MgCl$_2$	12.5 μL	50 mM

50% PEG 2000 MME	80 μL	8%
全量	500 μL	

リザーバー溶液には Hampton Research 社の試薬溶液を使用．

プロトコール

1. 形質転換

① コンピテントセル BL21-CodonPlus (DE3)-RIL 100 μL にプラスミド pET15b-Dmc1 1 μL を加える．

② 氷上で 30 分間放置する．

③ 42℃で 30 秒間ヒートショックをかけた後，氷上で 2 分間冷やす．

④ SOC 培地を 500 μL 加え，37℃で 1 時間培養する．

⑤ 3,000 rpm で 5 分間遠心後上清を捨てる．

⑥ 100 μL SOC 培地で沈殿を再懸濁し，100 μg/mL アンピシリンおよび 34 μg/mL クロラムフェニコールを含む LB プレートに塗布する．

⑦ 37℃で 1 晩培養する．

2. 培養

① 5 L バッフル付きフラスコに 2.5 L LB 培地（100 μg/mL アンピシリンおよび 34 μg/mL クロラムフェニコールを含む）を入れたものを 4 本準備する．

② PET15b-Dmc1 プラスミドを用いて前日に形質転換させた大腸菌のコロニーをすべてかき集め，計 10 L の LB 培地に加える．

③ 30℃で振とう培養する．

④ OD_{600} が 0.5 前後になったら，最終濃度 1 mM になるように IPTG を添加する．

⑤ 30℃で 1 晩振とう培養する．

⑥ 8,000 rpm で 8 分間遠心し，集菌する（図 12.1）．

3. 細胞破砕と可溶性画分の回収

① 80 mL バッファー A に菌体を懸濁する．

② 超音波破砕機を用いて大腸菌を破砕する．その際大腸菌懸濁液は必ず氷上に置き操作する．

③ 15,000 rpm で 20 分間遠心し，可溶性画分と不溶性画分に分離

コンピテントセル
Stratagene 社のコンピテントセルを使用．BL21-CodonPlus (DE3)-RIL は，Arg, Ile, Leu のマイナーコドンに対応する tRNA を発現させるプラスミドを導入した大腸菌 BL21 (DE3) 株である．
pET15b は Novagen 社のタンパク質発現用プラスミドで，T7 プロモーターで制御されている．IPTG により目的遺伝子の発現誘導を行うことができる．N 末端側に His タグを付加した融合タンパク質を発現する．pET15b-Dmc1 は pET15b の *Nde*I-*Bam*HI サイトに Dmc1 遺伝子を導入したもの．

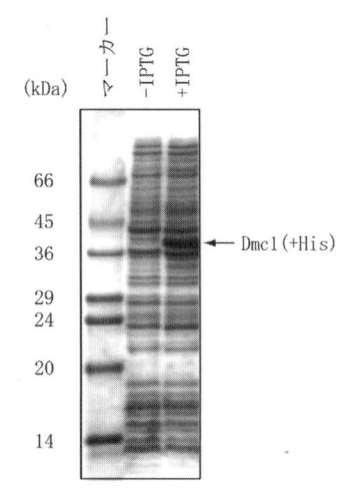

図 12.1 IPTG による Dmc1 の発現誘導

する．ヒト Dmc1 は可溶性画分に存在するので，上清を回収する．

4. Ni-NTA アガロースカラムを用いた精製

① 4 mL Ni-NTA アガロースビーズを H_2O 30 mL およびバッファー A 30 mL で洗浄する．

② Ni-NTA アガロースビーズと前過程で得られた上清を合わせ 4℃で 1 時間，ローテーターで回転させながらインキュベートする．

③ 1,000 rpm で 5 分間遠心し上清を取り除いた後，タンパク質が結合した Ni-NTA アガロースビーズをエコノカラムに注入する．

④ ペリスタポンプを用いて 0.3 mL/min の流速でバッファー B 120 mL を流し，カラムを洗浄する．

⑤ バッファー B とバッファー C をそれぞれ 30 mL ずつ用いてイミダゾールの濃度勾配（5→300 mM イミダゾール）によって Dmc1 タンパク質を溶出する．0.3 mL の流速で溶出させ，フラクションコレクターで 1 mL ずつ分取する．

⑥ タンパク質溶出フラクションを SDS-PAGE で確認し，高純度の Dmc1 タンパク質が含まれるフラクションを回収する（図 12.2）．

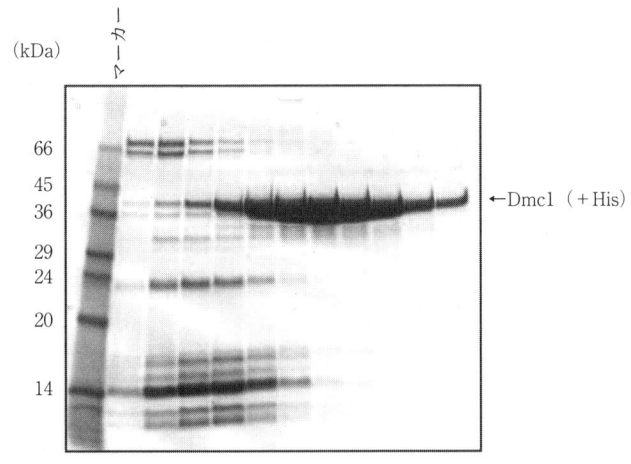

図 12.2 Ni-NTA アガロースカラムからの溶出

5. スロンビンプロテアーゼによる His タグの切除

① Ni-NTA カラムを用いて粗精製した Dmc1 の収量を定量し，Dmc1 タンパク質 1 mg あたり 3 ユニット分のスロンビンプロテアーゼを添加する．

② タンパク質溶液を透析チューブに移し，2.5 L のバッファー D

スロンビンプロテアーゼ
pET15b プラスミドは His タグと目的タンパク質の間にスロンビンプロテアーゼ切断部位を含んでいる．スロンビンプロテアーゼは PBS で溶解後使用する．

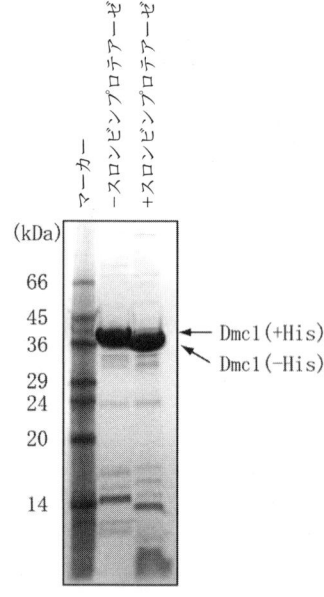

図12.3 スロンビンプロテアーゼによるHisタグの切除

に対して4℃で約4時間透析する.

③ 透析外液を新たな2.5 LのバッファーDに交換し，4℃で1晩透析する（図12.3）.

6. ヘパリンセファロースカラムを用いた精製

① Hisタグが完全に除去されていることをSDS-PAGEにて確認した後，4-APMSFを最終濃度10 μMになるように加え，スロンビンプロテアーゼによる反応を止める.

② ヘパリンセファロース4 mLをH$_2$OおよびバッファーDで洗浄した後，エコノカラムに注入し，バッファーD 50 mLを用いて流速0.3 mL/minで平衡化させる.

③ 流速0.3 mL/minでタンパク質溶液を注入し，カラムにタンパク質を吸着させる.

④ バッファーD 50 mLを用いて流速0.3 mL/minでカラムを洗浄する.

⑤ バッファーDとバッファーEをそれぞれ30 mLずつ用いてKClの濃度勾配（0.2→1.2 M KCl）によってDmc1タンパク質を溶出する．0.3 mL/minの流速で溶出させ，フラクションコレクターで1 mLずつ分取する.

⑥ タンパク質溶出フラクションについてSDS-PAGEで確認し，高純度のDmc1タンパク質が含まれるフラクションを回収する（図12.4）.

⑦ タンパク質溶液を透析チューブに移し，2 LのバッファーFに対して4℃で1晩透析する.

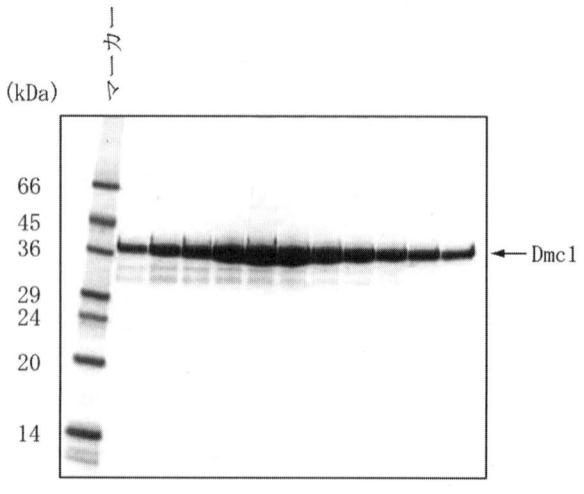

図12.4 ヘパリンセファロースカラムからの溶出

⑧ Centricon YM-30 を用いて，遠心分離を行い，8 mg/mL の濃度まで濃縮する．

7. ヒト Dmc1 タンパク質の結晶化

① 24 ウェルプレートを用いて1ウェルあたり 500 μL のリザーバー溶液を入れ，ウェルの口にシリコングリースを塗る．

② エアースプレーを用いてカバーガラス上の埃などを除いた後，1 μL のタンパク質溶液でドロップをつくりカバーガラスの中心にのせる．

③ リザーバー溶液 1 μL をカバーガラス上のタンパク質溶液に加え，ピペットで混ぜる．

④ ピンセットを使い，カバーガラスをタンパク質溶液のドロップが下側になるようにプレートのウェルにのせ，ウェルが密閉状態になるように合わせる．

図 12.5 Dmc1 の結晶

⑤ 20℃のインキュベータ内で1～2週間静置させる．その間，顕微鏡でドロップを観察する（図 12.5）．

結晶作成中はなるべく振動させないように注意する．

〔榎本 りま，杵渕 隆，胡桃坂仁志，横山 茂之〕

参 考 文 献

1) Symington, L.S.: *Mol. Biol. Rev.*, **66**, 630–670, 2003.
2) Kinebuchi, T. *et al.*: *Mol. Cell*, **14**, 363–374, 2004.

13

大腸菌を用いたリコンビナントヒストンの精製

　真核生物のゲノムDNAは巨大である．そのためDNAは，高度に折りたたまれたクロマチンと呼ばれる構造体として，細胞の核内に収納されている．クロマチンの基本構造はヌクレオソームであり，4種類のヒストン（H2A，H2B，H3，H4）それぞれ2分子からなるヒストン八量体の周りに146塩基対のDNAが巻き付いた円盤状の構造を形成している．ヒストンは，アセチル化，メチル化，リン酸化などの化学修飾を受けているため，細胞から精製したヒストンは，これらの修飾が混在したヘテロな状態となっている．このことが，精製ヒストンを用いた生化学的および構造生物学的解析に障害となっている．そこで，本章では，大腸菌を用いてヒト由来のヒストンを発現し，H2A/H2B二量体およびH3/H4四量体として精製する方法を紹介する．

準備するもの

1. 器具，機械
   - 振とう培養機
   - 高速遠心機
   - 超音波破砕機
   - ローテーター
   - スターラー
   - エコノカラム
   - フラクションコレクター
   - ペリスタポンプ

2. 試　薬
   - アンピシリン：100 mg/mLストック液を調製後，ろ過滅菌し，−20℃で保存する．
   - トリス（ヒドロキシメチル）アミノメタン（Tris）
   - 尿素
   - DTT（ジチオスレイトール）
   - PMSF（phenylmethylsulfonyl fluoride）
   - EDTA

- KCl
- 2-メルカプトエタノール
- グリセリン
- NaCl
- スロンビンプロテアーゼ(GE Healthcare Bio-Science 製)

3. カラム
- Ni-NTA アガロース(Qiagen 製)
- Superdex200(GE Healthcare Bio-Science 製)

4. 試薬の調製

バッファー A		最終濃度
1 M Tris-HCl(pH 8.0)	10 mL	50 mM
NaCl	5.8 g	500 mM
0.1 M PMSF	2 mL	1 mM
100% グリセロール	10 mL	5 %
全量	200 mL	

バッファー B		最終濃度
1 M Tris-HCl(pH 8.0)	5 mL	50 mM
NaCl	2.9 g	500 mM
尿素	36 g	6 M
100% グリセロール	5 mL	5 %
全量	100 mL	

バッファー C		最終濃度
1 M Tris-HCl(pH 8.0)	25 mL	50 mM
NaCl	14.5 g	500 mM
尿素	180 g	6 M
1 M イミダゾール	2.5 mL	5 mM
100% グリセロール	25 mL	5 %
全量	500 mL	

バッファー D		最終濃度
1 M Tris-HCl(pH 8.0)	5 mL	50 mM
NaCl	2.9 g	500 mM
尿素	36 g	6 M
1 M イミダゾール	20 mL	300 mM

100% グリセロール	5 mL	5 %
全量	100 mL	

リフォールディングバッファー1		最終濃度
1 M Tris–HCl (pH 8.0)	20 mL	20 mM
NaCl	116.9 g	2 M
DTT	0.77 g	5 mM
0.5 M EDTA (pH 8.0)	2 mL	1 mM
0.1 M PMSF	10 mL	1 mM
100% グリセロール	25 mL	5 %
全量	1,000 mL	

リフォールディングバッファー2		最終濃度
1 M Tris–HCl (pH 8.0)	20 mL	20 mM
NaCl	58.4 g	1 M
DTT	0.77 g	5 mM
0.5 M EDTA (pH 8.0)	2 mL	1 mM
0.1 M PMSF	10 mL	1 mM
100% グリセロール	25 mL	5 %
全量	1,000 mL	

リフォールディングバッファー3		最終濃度
1 M Tris–HCl (pH 8.0)	20 mL	20 mM
NaCl	29.2 g	0.5 M
DTT	0.77 g	5 mM
0.5 M EDTA (pH 8.0)	2 mL	1 mM
0.1 M PMSF	10 mL	1 mM
100% グリセロール	25 mL	5 %
全量	1,000 mL	

リフォールディングバッファー4		最終濃度
1 M Tris–HCl (pH 8.0)	20 mL	20 mM
NaCl	5.8 g	0.1 M
DTT	0.77 g	5 mM
0.5 M EDTA (pH 8.0)	2 mL	1 mM
0.1 M PMSF	10 mL	1 mM
100% グリセロール	25 mL	5 %
全量	1,000 mL	

プロトコル

1. 形質転換

	コンピテントセル	プラスミド
H2A	BL21（DE3）	pHCE-H2A
H2B	BL21（DE3）	pHCE-H2B
H3	BL21（DE3）	pHCE-H3
H4	JM109（DE3）	pET15b-H4

① H2A～H4 の各組み合わせでそれぞれコンピテントセル 100 μL にプラスミド 1 μL を加える．
② 氷上で 30 分放置する．
③ 42℃で 45 秒インキュベートする．
④ 氷上で 2 分放置する．
⑤ LB 培地を 800 μL 加える．
⑥ 37℃で 1 時間インキュベートする．
⑦ 3,000 rpm で 5 分間遠心する．
⑧ 上清を 800 μL 捨て，沈殿を懸濁した後に，100 μg/mL のアンピシリンを含む LB プレートに撒く．
⑨ 37℃で約 16 時間培養する．

2. 培養

① 50 μg/mL のアンピシリンを含む 2.5 L の LB 培地に LB プレート上のコロニーを加える．培養のときのエアレーションをよくするため，培地の量はフラスコの半分以下にした方がよい．
② 16 時間，37℃で振とう培養する．

3. 細胞破砕と不溶性画分の調製

① 11,900×g で 10 分間遠心する．
② 上清を捨て，沈殿している菌体にバッファー A 50 mL を加え，懸濁する．
③ 超音波破砕機で細胞を破砕する．
④ 27,216×g で 20 分間遠心し，上清を捨てる．
⑤ 沈殿物にバッファー A 50 mL を，再度加える．
⑥ 超音波破砕機で懸濁する．
⑦ 27,216×g で 20 分間遠心し，上清を捨てる．
⑧ 沈殿物に尿素を含むバッファー B 50 mL を加える．

⑨ 超音波破砕機で懸濁する．
⑩ 懸濁液をスターラーで16時間，撹拌する．

4. Ni-NTA アガロースによる精製

① 撹拌した懸濁液を $27,216 \times g$ で20分間遠心し，上清をNi-NTAアガロース6 mL（50%スラリー）に加える．

② 1時間ローテーターでゆるやかに混合する．

③ エコノカラムにレジンを移す．

④ ペリスタポンプを使い，バッファーC 100 mLでカラムに充填したレジンを洗う．

⑤ バッファーCとバッファーDをそれぞれ50 mL用いて直線的に濃度勾配をかけ，ヒストンを溶出する．その際，フラクションコレクターを用いて，1.25 mLずつフラクションをとる（80フラクション）．

⑥ タンパク質のピークフラクションをSDS-PAGEで分析し，ヒストンを確認する（図13.1）．

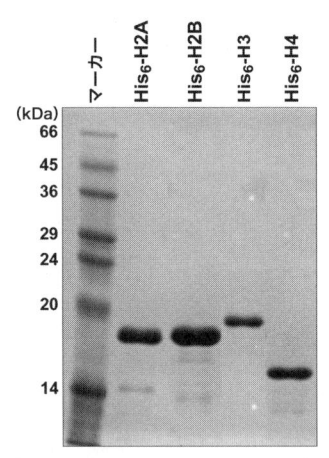

図13.1 Ni-NTAアガロースビーズを用いて精製したヒストンH2A，H2B，H3およびH4

5. H2A/H2B，H3/H4複合体の精製

① それぞれ変性状態で精製したヒストンH2A，H2B，H3，H4をSDS-PAGEで分析し，BSAを標準タンパク質としてクーマシーブリリアントブルー（CBB）染色により定量する．

② 同じモル数になるようにH2AとH2B，およびH3とH4を混ぜる．

③ リフォールディングバッファー1に16時間透析する．つづいて，リフォールディングバッファー2に4時間，リフォールディングバッファー3に4時間，リフォールディングバッファー4に16時間透析する．この操作は全て4°Cで行う．

④ リフォールディングがうまくいかなかったタンパク質は沈殿するので，遠心，もしくはフィルターで除去する（図13.2，13.3）．

⑤ 濃度を上げたい場合は，カートリッジで濃縮するとよい．参考までに，筆者らの研究室ではMillipore社のCentriconを使用している．

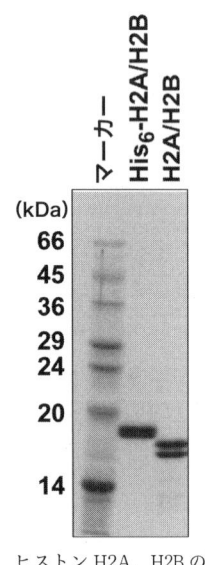

図13.2 ヒストンH2A，H2Bの複合体とスロンビンプロテアーゼによりHis₆タグを除去した複合体

6. His₆タグの除去

① 再構成されたH2A/H2B，H3/H4複合体は各々のアミノ末端にHis₆タグが付加されている．これらのHis₆タグをスロンビンプロテアーゼで切除する．

② ヒストン1 mgに対して5ユニットのスロンビンプロテアーゼを加え，室温で6時間反応させる．

③ 反応中にサンプルをSDS-PAGEで分析し，反応の進行を確認する（図13.2, 13.3）．

④ 反応終了後，H2A/H2B, H3/H4複合体をSuperdex 200（GE Healthcare Bio-Science製）ゲルろ過クロマトグラフィーによって精製し，スロンビンプロテアーゼやHis$_6$タグペプチドを除く．

⑤ −80℃のフリーザーで保存する． 〔立和名博昭，胡桃坂仁志〕

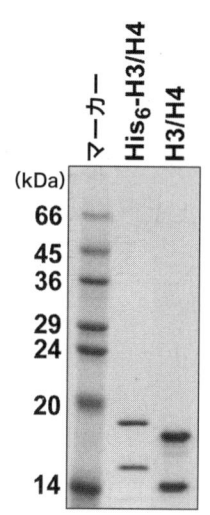

図13.3 ヒストンH3, H4の複合体とスロンビンプロテアーゼによりHis$_6$タグを除去した複合体

14

昆虫細胞からのタンパク質の発現，精製

　タンパク質の構造や機能を解析する上で，組換えタンパク質の作製は有用な実験ツールである．技術が目覚ましく進歩している今日でも，それぞれの組換えタンパク質によって発現宿主の選択，発現，精製条件が全く異なることから，組換えタンパク質の作製は経験によるところが非常に大きい．本章では発現宿主として昆虫細胞 Sf9 を用い，ウイルスを感染させて目的遺伝子を発現させる手法を紹介する．昆虫細胞を用いる利点は，大腸菌や酵母に比べてタンパク質を可溶性の状態で発現できる可能性が高いこと，そして，さまざまな修飾（メチル化やリン酸化など）を受ける真核生物由来のタンパク質を，修飾を受けた状態で発現できることである．また複合体を形成するタンパク質は，それぞれのウイルスを一緒に昆虫細胞に感染させることによって，昆虫細胞内で複合体を形成させた状態で精製することが可能である．

　今回は目的遺伝子を大腸菌の中でバクミド（昆虫細胞でウイルスを産生させるためのシャトルベクター）へ組み換える操作から，Sf9 細胞へのトランスフェクション，ウイルスの力価を上昇させるためのインフェクション，Sf9 細胞での目的タンパク質の発現，精製までを紹介する．今回，昆虫細胞 Sf9 での発現，精製法を紹介するタンパク質はヒトの Mre11，Nbs1，Rad50 という3種類のタンパク質からなる複合体タンパク質である．これらのタンパク質は細胞内で減数分裂期の組換え初期反応や DNA 二本鎖切断修復，DNA ダメージチェックポイント，テロメア長の維持に必要であることが明らかとなっている[1〜4]．Nbs1，Rad50 は Mre11 を介して複合体を形成していることが明らかとなっているので，それぞれのタンパク質の発現と，Mre11 と Nbs1，Mre11 と Rad50 の2種類のタンパク質の共発現，Mre11 と Nbs1 と Rad50 の3種類のタンパク質の共発現，精製を紹介する．

準備するもの

1. 器具，機械
- 培養機
- シャーレ
- 小型冷却遠心機
- ローテーター
- 簡易カラム
- チューブ型カラム

2. 試　薬

- カナマイシン
- テトラサイクリン
- ゲンタマイシン
- IPTG
- X-gal
- CellFECTIN（Invitrogen 製）
- PBS
- トリス（ヒドロキシメチル）アミノメタン（Tris）
- EDTA
- Na_2HPO_4
- NaH_2PO_4
- NaCl
- グリセリン
- PMSF（phenylmethylsulfonyl fluoride）
- 2-メルカプトエタノール
- NP-40
- イミダゾール
- FLAG ペプチド（Sigma 製）
- SOC 培地（2% トリプトン, 0.5% 酵母エキス, 10 mM NaCl, 2.5 mM KCl, 10 mM $MgCl_2$, 10 mM $MgSO_4$, 20 mM グルコース）
- LB 培地（1% トリプトン, 0.5% 酵母エキス, 1% NaCl）
- Grace's Insect Medium（Invitrogen 製）
- Ni-NTA アガロース（Qiagen 製）
- ANTI-FLAG M2 アガロース（Sigma 製）

3. 試薬の調製

バッファー A

15 mM Tris-HCl（pH 8.0）
10 mM EDTA（pH 8.0）
100 μg/mL RNase A

バッファー B

0.2 M NaOH
1% SDS

バッファー C

カナマイシン
アミノグリコシド系の抗生物質．タンパク質合成を阻害する．

テトラサイクリン
テトラサイクリン系の抗生物質．タンパク質合成を阻害する．

ゲンタマイシン
アミノグリコシド系の抗生物質．タンパク質合成を阻害する．

X-Gal
β-ガラクトシダーゼによって，加水分解され青色を呈する．培地中にX-Gal および IPTG を加えておくと，目的 DNA が挿入されていないベクターを持つ大腸菌はβ-ガラクトシダーゼが発現してX-Gal を分解するために，青いコロニーを形成する．一方，目的 DNA が挿入されたベクターを持つ大腸菌はβ-ガラクトシダーゼが発現しないためにX-Gal が分解されず，白いコロニーを形成する．

CellFECTIN
Sf9 細胞へバクミドを導入するための試薬．

Ni-NTA アガロース
Ni とキレーティングしたNTA（Nitilotriacetic acid）をアガロースに架橋したレジン．His_6 タグと特異的に結合する．イミダゾールでタンパク質を溶出する．

ANTI-FLAG M2 アガロースレジン
FLAG 抗体をアガロースに架橋したレジン FLAG タグ特異的に結合するFLAG ペプチドで溶出する．

1.7 M KoAc (pH 4.8)

バッファー D
　50 mM リン酸バッファー (pH 7.5)
　10% グリセリン
　0.5 M NaCl
　2 mM 2-メルカプトエタノール
　0.1 mM PMSF
　0.01% NP-40

バッファー E
　20 mM Tris-HCl (pH 8.0)
　10% グリセリン
　0.5 M NaCl
　2 mM 2-メルカプトエタノール
　0.1 mM PMSF
　0.01% NP-40

TE
　10 mM Tris-HCl (pH 7.5)
　1 mM EDTA

Na₂HPO₄ と NaH₂PO₄ を混合して pH 7.5 に合わせてリン酸バッファーとする.

プロトコール

1. 形質転換

① 50 μL のコンピテントセル DH10 Bac (Invitrogen 製) に発現プラスミドを加える.
② 氷上で 30 分間静置する.
③ 42℃で 45 秒間インキュベートする.
④ 1 mL の SOC を加える.
⑤ 37℃で 4 時間インキュベートする.
⑥ 3,000 rpm で 5 分間遠心する.
⑦ 上清を捨てて, 沈殿を滅菌水で懸濁した後に, 希釈倍率を変えて, LB プレート (50 μg/mL カナマイシン, 10 μg/mL テトラサイクリン, 7 μg/mL ゲンタマイシン, 40 μg/mL IPTG, 150 μg/mL X-gal 入り) に塗布する.
⑧ プレートを遮光して, 37℃で 2 日間培養する.

DH10Bac
Sf9 細胞へ感染させるためのバクミドをもった大腸菌.

2. ミニプレップ法によるバクミド DNA の精製

① 目的 DNA が導入された白い大腸菌のコロニーをとり，2 mL の LB 液体培地（50 µg/mL カナマイシン，10 µg/mL テトラサイクリン，7 µg/mL ゲンタマイシン入り）に加える．

② 37℃で 16 時間培養する．

③ 1.5 mL の培養液をとって滅菌した 1.5 mL チューブに入れて，15,000 rpm で 1 分間遠心する．

④ 上清を取り除いた後，300 µL のバッファー A を加える．

⑤ 300 µL のバッファー B を加えた後よく撹拌し，300 µL のバッファー C を加えて氷上に 10 分間放置する．

⑥ 4℃，15,000 rpm で 10 分間遠心する．

⑦ 上清 700 µL を滅菌した 1.5 mL チューブに移す．

⑧ 同量のイソプロパノールを加えた後，氷上に 10 分間放置する．

⑨ 4℃，15,000 rpm で 10 分間遠心する（遠心後，チューブの底に白い沈殿物が見えてくる）．

⑩ 上清を捨てて，500 µL の 70%エタノールを加える．

⑪ 4℃，15,000 rpm で 5 分間遠心する．

⑫ 上清を捨てて，沈殿を乾燥させる．

⑬ 20 µL の TE を加える．

3. Sf9 細胞へのトランスフェクション

① Grace's Insect Medium（10% FBS，100 U/mL ペニシリン，100 µg/mL ストレプトマイシン入り）1.5 mL を 6 穴シャーレ（もしくは 3 cm シャーレ）に加える．次に，10 cm シャーレでコンフルエントになった Sf9 細胞をシャーレからはがして 1/20 量の細胞を加える．27℃で 1 時間培養する．

② Grace's Insect Medium 100 µL にミニプレップ法により精製したバクミド DNA を 5 µL 加えて 15 分間室温で静置する．

③ Grace's Insect Medium 100 µL に 6 µL の CellFECTIN を加えたものを ① に加える．15 分間室温で静置する．

④ 37℃で 1 時間培養した Sf9 細胞の培地を取り除き，2 mL の Grace's Insect Medium で 2 回 Sf9 細胞を洗う．

⑤ Grace's Insect Medium 800 µL を加えて，④ の Sf9 細胞に加える．27℃で 5 時間インキュベートする．

⑥ Grace's Insect Medium（10% FBS，100 U/mL ペニシリン，100 µg/mL ストレプトマイシン入り）1 mL を加えて 27℃で 4〜6

FBS
fetal bovine serum（ウシ胎児血清）．非働化（55℃で 30 分間静置）してから用いる．

日間培養する．

⑦ 1,500 rpm で 3 分間，遠心して上清を新しいチューブに移す．

4. Sf9 cell へのインフェクション

① 10 cm シャーレでコンフルエントになった Sf9 細胞の半分量を 10 cm シャーレにまく（新たに培地は加えない）．27℃で 1 時間インキュベートする．

② Sf9 細胞へトランスフェクションして 27℃で 4〜6 日間培養した後，回収した上清 1 mL を① に加える．27℃で 1 時間インキュベートする．

③ Grace's Insect Medium（10% FBS，100 U/mL ペニシリン，100 μg/mL ストレプトマイシン入り）10 mL を加えて 27℃で 3〜4 日間培養する．

④ 1,500 rpm で 3 分間，遠心して上清を新しいチューブに移す．

⑤ 10 cm シャーレでコンフルエントになった Sf9 細胞の半分量を 10 cm シャーレにまく（新たに培地は加えない）．27℃で 1 時間インキュベートする．

⑥ ④で回収した上清の 1 mL を⑤ に加える．27℃で 1 時間インキュベートする．

⑦ Grace's Insect Medium（10% FBS，100 U/mL ペニシリン，100 μg/mL ストレプトマイシン入り）10 mL を加えて 27℃で 3〜4 日間培養する．

⑧ ④〜⑦を繰り返し，ウイルスの力価を上げる．

5. 組換えタンパク質（Rad50，Nbs1，Mre11）の発現確認

① 10 cm シャーレでコンフルエントになった Sf9 細胞の半分量を 10 cm シャーレ 1 枚にまく（新たに培地は加えない）．27℃で 1 時間インキュベートする．

② インフェクションで力価を上げたウイルスを① に加える．27℃で 1 時間インキュベートする．

③ Grace's Insect Medium（10% FBS，100 U/mL ペニシリン，100 μg/mL ストレプトマイシン入り）10 mL を加えて 27℃で 3〜4 日間培養する．

④ 1,500 rpm で 3 分間遠心して上清を取り除く．

⑤ PBS で 2 回洗った後，ペレットの 10 倍量のバッファー D を加えて懸濁する．

⑥ 超音波破砕機で細胞を破砕する．

⑦ 4℃, 15,000 rpm で 15 分間遠心する.

⑧ 上清を新しいチューブに入れる.

⑨ 上清を一部とってサンプルバッファーを加えて 95℃で 5 分間加熱した後, SDS-PAGE, ウェスタンブロッティングする（図 14.1）.

6. **組換えタンパク質の共発現** (Nbs1 と Mre11, Rad50 と Mre11)

① 10 cm シャーレでコンフルエントになった Sf9 細胞の半分量を 10 cm シャーレ 1 枚にまく（新たに培地は加えない）. 27℃で 1 時間インキュベートする.

② Sf9 細胞へ Nbs1（FLAG タグつき）と Mre11, または Rad50（His_6 タグつき）と Mre11, それぞれのウイルスを①に加える. 27℃で 1 時間インキュベートする.

③ Grace's Insect Medium（10% FBS, 100 U/mL ペニシリン, 100 μg/mL ストレプトマイシン入り）10 mL を加えて 27℃で 3〜4 日間培養する.

④ 1,500 rpm で 3 分間遠心して上清を取り除く.

⑤ PBS（phospate buffered saline）で 2 回洗った後, ペレットの 10 倍量のバッファー D を加えて懸濁する.

⑥ 超音波破砕機で細胞を破砕する.

⑦ 4℃, 15,000 rpm で 15 分間遠心する.

⑧ 上清を新しいチューブに入れる. それぞれのタグに対するレジンを加えて 4℃, 2 時間ローテーターで回転させる.

⑨ 4℃, 2,000 rpm で遠心して上清を取り除く.

⑩ レジンの 5 倍量のバッファー D を加えてレジンを洗う. これ

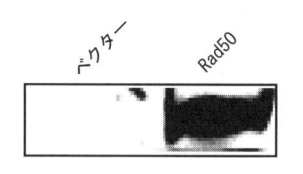

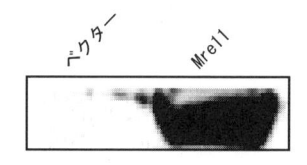

図 14.1 Rad50, Nbs1, Mre11 の発現

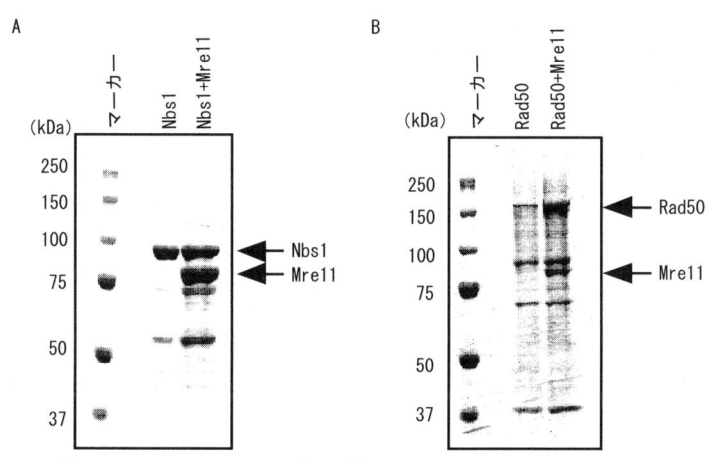

図 14.2 Nbs1 と Mre11 の共発現（A）と Rad50 と Mre11 の共発現（B）

を5回繰り返す．

⑪ レジンにサンプルバッファーを加えて95℃で5分間加熱した後，SDS-PAGEで分析する（図14.2）．

7. Nbs1，Mre11，Rad50の共発現，精製

① 15 cmシャーレ10枚に10 cmシャーレでコンフルエントになったSf9細胞を，15 cmシャーレ1枚当たり1.5枚分ずつまく．27℃で1時間インキュベートする．

② Sf9細胞へRad50（Hisタグつき），Nbs1（FLAGタグつき），Mre11のウイルスを①に加える．27℃で1時間インキュベートする．

③ Grace's Insect Medium（10% FBS，100 U/mLペニシリン，100 μg/mLストレプトマイシン入り）を加えて27℃で3～4日間培養する．

④ 1,500 rpmで3分間遠心して上清を取り除く．

⑤ PBSで2回洗った後，ペレットの10倍量のバッファーDを加えて懸濁する．

⑥ 超音波破砕機で細胞を破砕した後，4℃，15,000 rpmで15分間遠心する．

⑦ 上清を新しいチューブに入れる．ANTI-FLAGアガロースレジンを加えて4℃，2時間ローテーターで回転させる．

⑧ 4℃，2,000 rpmで遠心して上清を取り除く．簡易カラムにレジンを移す（レジンの量が少ないときはチューブ型カラム）．

⑨ レジンの5倍量のバッファーDを加えてANTI-FLAGアガロースレジンを洗う．これを5回繰り返す．

⑩ 100 μg/mL FLAGペプチド入りのバッファーDをレジンの2倍量加えてタンパク質を溶出する．4℃，30分間，ローテーターで回転させる．

⑪ 4℃，2,000 rpmで遠心して溶液を新しいチューブに移す．

⑫ ⑩，⑪をもう一度繰り返す．

⑬ 回収した上清をチューブ型カラムに移して，Ni-NTAアガロースレジンを加え，4℃，2時間，ローテーターで回転させる．

⑭ 4℃，2,000 rpmで遠心して液を取り除く．

⑮ 20 mMイミダゾール入りのバッファーDをレジンの5倍量加えてNi-NTAアガロースレジンを洗う．これを4回繰り返す．

⑯ 20 mMイミダゾール入りのバッファーEをレジンの5倍量加えてNi-NTAアガロースレジンを洗う．

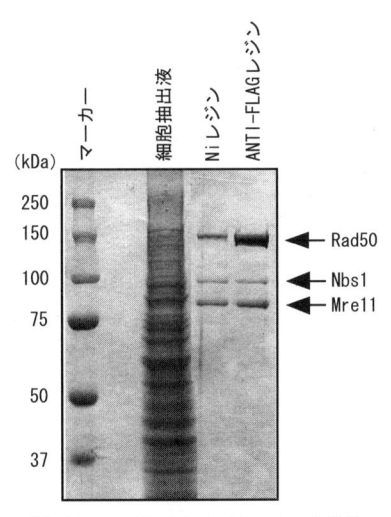

図 14.3 Rad50, Nbs1, Mre11 の共発現

⑰ 200 mM イミダゾール入りのバッファー E をレジンの 2 倍量加えてタンパク質を溶出する．4℃，30 分，ローテーターで回転させる．

⑱ 4℃，2,000 rpm で遠心して溶液を新しいチューブに移す．

⑲ ⑰，⑱ をもう一度繰り返す．

⑳ 回収した溶液を一部とって SDS-PAGE で分析し（図 14.3），残りは小分けにして，−80℃に保存する．〔立田 大輔，太田 力〕

参考文献

1) Usui, T. *et al.*: *Cell*, **95**, 705-716, 1998.
2) Paull, T. T. and Gellert, M.: *Genes Dev.*, **13**, 1276-1288, 1999.
3) Zhu, X. D. *et al.*: *Nat. Genet.*, **25**, 347-352, 2000.
4) Tauchi, H. *et al.*: *Nature*, **420**, 93-98, 2002.

15

哺乳類培養細胞からの TIP60 ヒストンアセチル化酵素複合体の精製法

　細胞内で繰り広げられるさまざまな現象の多くは，タンパク質間の結合やタンパク質の修飾などによって引き起こされる．最近では，クロマチン関連因子は，細胞内で単独で働くのではなく，機能的なタンパク質複合体としてさまざまな DNA 代謝に作用することが明らかになってきている．これまでにわれわれは，TIP60 ヒストンアセチル化酵素を HeLa 細胞より機能的なタンパク質複合体として精製（図 15.1 参照），解析することにより TIP60 ヒストンアセチル化酵素複合体が DNA 修復に関与することを示してきた[1]．そこで本章では，TIP60 ヒストンアセチル化酵素を例として取り上げ，HeLa 細胞からの機能的なタンパク質精製法について述べてみたい[2]．

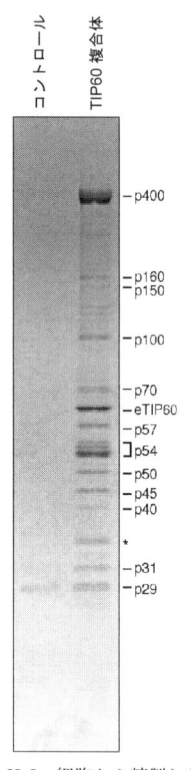

図 15.1 HeLa 細胞から精製した Tip60 ヒストンアセチル化酵素複合体[1]
Tip60 ヒストンアセチル化酵素は，核内で約 13 のコンポーネントからなる複合体に含まれている．

（レーン：コントロール／TIP60 複合体；バンド：p400, p160, p150, p100, p70, eTIP60, p57, p54, p50, p45, p40, p31, p29）

準備するもの

1. 器具，機械
- スピナーフラスコ（BELLCO 製）
- スターラー
- 高速遠心機
- ダウンスホモジナイザー
- conductivity 測定器（Horiba 製）

2. 試　薬
- トリス（ヒドロキシメチル）アミノメタン（Tris）
- EDTA
- KCl
- $MgCl_2$
- グリセロール
- Tween20
- DMSO（Dimethylsulfoxide，ジメチルスルホキサイド）
- PMSF（phenylmethylsulfonyl fluoride）：0.2 M ストック液（DMSO で溶解）を調製後，−20℃で保存する．
- 2-メルカプトエタノール
- DTT：2 M ストック液を調製後，−20℃で保存する．

3. その他

- 透析チューブ（Spectra/Por Membrane MWCO：8000）
- Poly-Prep Chromatography Columns（Bio-Rad 製，731-1550）
- ANTI-FLAG M2 Affinity Gel（Sigma 製，A2220）
- FLAG peptide（Sigma 製，F3290）：5 mg/mL ストック（TBSで溶解）を調整後，−20℃で保存する．
- Monoclonal anti-HA agarose conjugate clone HA-7（SIGMA, A2095）
- Influenza Hemagglutinin（HA）peptide（SIGMA, I2149）：5 mg/mL ストック（MilliQ で溶解）を調整後，−20℃で保存する．

4. 試薬の調製

ハイポトニックバッファー		最終濃度
1 M Tris-HCl（pH7.3）	10 mL	10 mM
3 M KCl	3.34 mL	10 mM
1 M $MgCl_2$	1.5 mL	1.5 mM
全量	1 L	

ローバッファー		最終濃度
1 M Tris-HCl（pH7.3）	10 mL	20 mM
50％グリセロール	250 mL	25 %
1 M $MgCl_2$	375 μL	0.75 mM
0.5 M EDTA	200 μL	0.2 mM
3 M KCl	3.335 mL	0.02 M
全量	500 mL	

ハイバッファー		最終濃度
1 M Tris-HCl（pH7.3）	10 mL	20 mM
50％グリセロール	250 mL	25 %
1 M $MgCl_2$	375 μL	0.75 mM
0.5 M EDTA	200 μL	0.2 mM
3 M KCl	200 mL	1.2 M
全量	500 mL	

BC 0		最終濃度
100％グリセロール	400 mL	40 %
1 M Tris-HCl（pH7.3）	40 mL	40 mM
0.5 M EDTA	800 μL	0.4 mM
全量	1 L	

TGME		最終濃度
50％グリセロール	250 mL	25 %
1 M Tris–HCl (pH8.0)	25 mL	50 mM
1 M MgCl$_2$	1.25 mL	2.5 mM
0.5 M EDTA	100 μL	0.1 mM
全量	500 mL	

ハイポトニックバッファー，ローバッファー，ハイバッファー，BC 0 は4℃にて保存し，使用時に PMSF（最終濃度 0.2 mM），2-メルカプトエタノール（最終濃度 10 mM）を加えて調整し，使用する．また，TGME は，使用時に PMSF（最終濃度 0.2 mM），DTT（最終濃度 100 mM）を加えて使用する．

2×ベースバッファー		最終濃度
1 M Tris–HCl (pH8.0)	20 mL	40 mM
50％グリセロール	200 mL	20 %
0.5 M EDTA	400 μL	0.4 mM
25% Tween20	4 mL	0.2 %
全量	500 mL	

0.1 バッファー（100 mM KCl バッファー）		最終濃度
2×ベースバッファー	250 mL	
2 M KCl	25 mL	100 mM
2-メルカプトエタノール	35 μL	1 mM
0.2 M PMSF	500 μL	0.2 mM
全量	500 mL	

プロトコール

1. 安定発現細胞株の樹立

われわれは，精製目的である遺伝子の安定発現株をレトロウイルスを用いて作成している．その際，目的とする遺伝子の 5′ あるいは 3′ 末端に FLAG-HA の 2 種類のエピトープタグを付与している．どちらに付与するかは精製するタンパクによるが，われわれはいつも 5′ と 3′ 側両方を作製している．安定発現株の完成後，抗 FLAG 抗体（M2 アガロース）により免疫沈降を行い，免疫沈降可能かどうかあるいはその効率を検定し，5′ と 3′ 側のどちらかを選定している．

2. 細胞培養

われわれは，浮遊系 HeLa 細胞を，Joklik メディウム（Sigma, M 0518）を使用し，スピナーフラスコ（Bellco 製）にて，15〜30 L の大量培養を行っている．HeLa 細胞の場合，細胞数は，およそ 15×10^9 個（1×10^6 個/mL）となるまで培養する．HeLa 細胞は CO_2 供給を必要としていないが，他の細胞を使用する際には，それぞれ培養条件の検討が必要である．

また，最近では，マススペクトロメトリー（MS）解析の感度がよくなり，より少ない容量の培養条件で精製したタンパク質でも解析が可能になりつつある．

3. nuclear extract（核可溶分画）精製

① 細胞を 1 L 容遠心管に移し，3,000 rpm（Beckman 製，JLA 8.1000 ローター），4℃で，8 分間遠心し，上清を捨てる．

以下の操作は全て，4℃，氷上で行う．

② ペレットとなった細胞を，氷冷した PBS（phospate-buffered saline）で回収し，50 mL コニカルチューブに移す．

③ 2,500 rpm（スイングローター），4℃で，10 分間遠心し，上清を捨て，ペレットとなった細胞の容量をはかる．

④ ペレットの 6 倍量のハイポトニックバッファーを加え，チューブを上下に振り，細胞が均一になるように懸濁する．強く振りすぎないよう注意する．

⑤ 2,500 rpm，4℃で，5 分間遠心し，上清をメスピペットで取り去り，ペレットの容量をはかる．このとき，最初にはかったペレットのおよそ 2 倍量となる．

⑥ ペレットと等量のハイポトニックバッファーを加え，チューブを上下に振り，再度懸濁する．

⑦ 氷上で 10 分間静置する．

⑧ ホモジナイザーで細胞を破砕する．HeLa 細胞の場合は，約 15 回ホモジナイズしているが，他の細胞を使用する場合には検討が必要である．

⑨ 細胞膜が破砕され，核が出て来ている様子を顕微鏡で確認する．このとき，細胞が十分に破砕されていないようなら，ホモジナイズを追加し，再度確認する．

⑩ 遠心管に移し，3,900 rpm，4℃で，15 分間遠心する．

⑪ 遠心後，ブルーチップで表面の油膜を取り除く．

⑫ 上清（Cytosol 分画）は回収し，必要であれば，液体窒素で凍

結した後，−80℃で保存する．

⑬ ペレット（核分画）の容量を測り，その 1/2 量のローバッファーを加えて，10 回ホモジナイズする．

⑭ ホモジナイズした後，ビーカーに移し，スターラーで撹拌しながら，ローバッファーと等量のハイバッファーを，シリンジを用いて滴下し，全て加えた後，そのまま 30 分間撹拌をつづける．

⑮ 遠心管に移し，14,000 rpm，4℃で，30 分間遠心する．

⑯ 遠心後，ブルーチップで表面の油膜を取り除く．上清（nuclear extract）を回収して透析膜に移し，1 L の BC 0 バッファー中で 4℃にて透析を行う．

⑰ ペレット（クロマチン分画）は，10 mL の TGME バッファーを加え，ホモジナイズし，液体窒素で凍結した後，−80℃で保存する．

⑱ 透析した nuclear extract は，conductivity（電気伝導度）を測定する．MilliQ 20 mL に，サンプル 100 µL を入れ，測定する．conductivity がおよそ 65 となるまで透析をつづける．

⑲ 透析後，遠心管に移し，14,000 rpm，4℃で，20 分間遠心する．

⑳ 遠心後，ブルーチップで油を取り除き，上清（nuclear extract）をコニカルチューブに回収し，液体窒素で凍結した後，−80℃で保存する．

4. FLAG-M2 アフィニティーゲルによる精製

① −80℃に保存しておいた nuclear extract を，流水で溶かす．以下の操作は全て，4℃あるいは氷上で行う．

② 10,000 rpm，4℃で，30 分間遠心し，上清をメスピペットを用いて新しいコニカルチューブに移す．

③ 遠心の間に，FLAG-M2 アフィニティーゲルの調整を行う．

 i) 精製時に必要な M2 アガロースを 1.5 mL チューブにとる．

 ii) 10,000 rpm，4℃で 1 分間遠心し，上清を取り去る．

 iii) 100 mM グリシン-HCl（pH2.5）にて，M2 アガロースを洗う．

 iv) 10,000 rpm，4℃で 1 分間遠心し，上清を取り去る．

 v) 1 M Tris-HCl（pH8.0）にて，M2 アガロースを洗う．

 vi) 10,000 rpm，4℃で 1 分間遠心後，上清を取り去り，beads volume（ビーズ容量）を確認し，それと等量の 1 M Tris-HCl（pH 7.3）を加えて 50％スラリーとする．

④ nuclear extract 10 mL に対し，beads volume が 100 μL の FLAG-M2 アフィニティーゲルを加える．

⑤ ローテーターにて 4 時間，4℃で撹拌し，反応させる．

⑥ 反応後，クロマトグラフィーカラムに通す．

⑦ 0.1 バッファー（カラム容量いっぱいになるまで入れる）をカラムに通し，FLAG-M2 アフィニティーゲルを洗う．これを 3 度繰り返す．

⑧ 3 回目の 0.1 バッファーが全て落ちた後，カラムを 50 mL コニカルチューブにセットし，1,200 rpm で遠心して 0.1 バッファーを完全に取り去る．

⑨ エリューションバッファー（FLAG-peptide を最終濃度 50 μg/mL となるように 0.1 バッファーで調整する）を FLAG-M2 アガロースの容量と等量加え，4℃で 1 時間マイクロチューブミキサー（TOMY：MT-360）にて振とうさせ，溶出する．

⑩ 1,200 rpm で遠心しサンプルを回収する．精製したタンパク質は，1.5 mL チューブに分注し，液体窒素で凍結した後，−80℃で保存する．このうち一部を HA 精製に使用し，一部はウェスタンブロッティング，MS 解析などに使用する．

5. anti-HA agarose による精製

① HA ビーズを FLAG-M2 アフィニティーゲルの場合と同様に調整する．

② 0.5 mL チューブに beads volume が 20 μL となるように 50％スラリーに調整した HA ビーズを入れ，10,000 rpm，4℃で 1 分間遠心し，上清を取り去る．

③ FLAG 精製したタンパク質を 100 μL 加え，ローテーターにて 4 時間，4℃で撹拌し，反応させる．

④ 反応後，10,000 rpm，4℃で 1 分間遠心し，上清を −80℃で保存する．

⑤ 0.1 バッファー 200 μL で，HA ビーズを 3 回洗う．

⑥ 10,000 rpm で遠心し，上清（0.1 バッファー）を完全に取り去る．

⑦ エリューションバッファー（HA-peptide を終濃度 50 μg/mL となるように 0.1 バッファーで調製する）を 20 μL 加え，4℃で 1 時間マイクロチューブミキサー（TOMY：MT-360）にて振とうさせ，溶出する．

⑧ 10,000 rpm で遠心し，上清（サンプル）をとり，液体窒素で

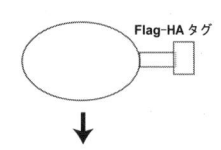

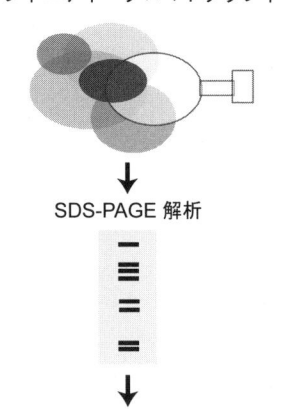

凍結した後，−80℃で保存する．

精製したタンパク質はSDS-PAGEにより展開し，マススペクトロメトリー（MS）解析，ウェスタンブロッティングなどの手法を用いて分析する（図15.2参照）．　　　　〔垣野　明美，井倉　毅〕

謝　辞

執筆に際して，貴重なご意見，ご助言をいただきました東北大学大学院医学系研究科細胞生物学講座の井倉正枝さんに感謝いたします．

参考文献

1) Ikura, T. *et al.*: *Cell*, **102**, 463-473, 2000.
2) Nakatani, Y. and Ogryzko, V.: *Meth. Enzym.*, **370**, 430-444, 2003.

図15.2 機能的タンパク質複合体精製の模式図
精製は，FLAG-HAによるアフィニティークロマトグラフィーで行う．SDS-PAGE解析の後に，マススペクトロメトリーによりコンポーネントの同定を行う．

16
培養細胞からのリンカーヒストンの精製法

　クロマチンの基本単位であるヌクレオソームは，ヒストン H2A，H2B，H3，H4 の 4 種類のコアヒストンからなる八量体の周囲に 146 塩基対の DNA が巻き付いたヌクレオソームコアと，リンカー DNA そしてリンカーヒストンからなる．リンカーヒストンはコアヒストンに比べてクロマチンから容易に外れて，その結果クロマチンはほどけて電子顕微鏡で見ると "beads on string（糸に通したビーズ）" 状態になってリンカー DNA が観察される．この構造変化は可逆的で，リンカーヒストンを加えるとほどけたクロマチンはコンパクトに折り畳まれて 30 nm ファイバーを再形成することから，リンカーヒストンはクロマチンの高次構造形成に重要な役割を担うヒストンとして古くから注目されてきた．

　リンカーヒストンは非常にリシン残基に富んでおり，トリプシンによって容易に消化される N 末および C 末端尾部（tail）領域とその中央にある球状ドメイン（globular domain）の 3 つの部分からなるおよそ 20 kDa のタンパク質である．リンカーヒストンには一般の体細胞型ヒストン H1 の他に多くのバリアントが存在し，さらに翻訳後にリン酸化やメチル化などの修飾を受けることが古くから知られてきた[1]．しかしそれらの機能はいまだによくわかっていない．近年，リンカーヒストンの多種多様性とクロマチン機能調節との密接な関わりを示す報告が相次いでなされ[2〜4]，クロマチン再構成系[5]を用いてリンカーヒストンの研究が盛んになりつつある．ここではリンカーヒストンの精製法として HeLa 細胞を例にとって，培養細胞からカラムを用いた塩抽出法を紹介する．培養細胞からの簡便な酸抽出法[6]および大腸菌を用いたリコンビナントタンパク質としてのリンカーヒストンの精製[4,7]は参考論文をあげるにとどめる．

準備するもの

1. **器具，機械**
- 冷却遠心機
- ホモジナイザー（Dounce homogenizer，B pestle）
- FPLC システム．なければ，エコノカラム，フラクションコレクター，ペリスタポンプ
- スターラー
- SDS-PAGE 用の電気泳動槽とガラスプレート
- 電源
- 透析チューブとクリップ

2. 試　　薬

- PBS（phospate-buffered saline, pH 7.4）
- トリス
- $MgCl_2$
- $CaCl_2$
- スクロース
- PMSF（phenylmethylsulfonyl fluoride）
- Triton X-100： 20％（v/v）になるように滅菌水を用いて調製する．
- NaCl
- 尿素
- マイクロコッカスヌクレアーゼ（Worthington Biochemical 製）： 15,000 U/mL に滅菌水に溶かして－20℃で保存する．
- EGTA
- EDTA
- プロテアーゼインヒビターカクテル（Roche 製）
- K_2HPO_4
- KH_2PO_4

3. カ ラ ム

- ハイドロキシアパタイト： Bio-Gel HTP Gel（Bio-Rad 製）
- CM セファロース Hi-trap（GE Healthcare Bio-Science 製）

4. 試薬の調製

核調製バッファー

		最終濃度
1 M Tris-HCl (pH 7.5)	5 mL	10 mM
1 M $MgCl_2$	0.75 mL	1.5 mM
1 M $CaCl_2$	0.5 mL	1 mM
スクロース	42.8 g	0.25 M
200 mM PMSF	0.25 mL	0.1 mM
全量	500 mL	

飽和 NaCl-尿素液

NaCl	30 g
尿素	48 g

全量　水を加えて　100 mL にしてスターラーで室温で 1 晩撹拌する．沈殿を残したまま飽和液として使用する．

リシスバッファー　　　　　　　　　　最終濃度

1 M Tris–HCl（pH 6.85）	1 mL	10 mM
500 mM EDTA	1 mL	5 mM
200 mM PMSF	50 μL	0.1 mM
全量	100 mL	

1 M リン酸バッファー

1 M K_2HPO_4 と 1 M KH_2PO_4 を調製して，両者を混合して pH 6.8 と pH 7.0 にそれぞれ合わせる．

溶液 A　　　　　　　　　　最終濃度

200 mM PMSF	250 μL	0.1 mM
全量	500 mL	

バッファー B　　　　　　　　　　最終濃度

1 M リン酸バッファー（pH 6.8）	500 mL	1 M
200 mM PMSF	250 μL	0.1 mM
全量	500 mL	

バッファー C　　　　　　　　　　最終濃度

1 M KCl	20 mL	200 mM
1 M リン酸バッファー（pH 7.0）	20 mL	200 mM
200 mM PMSF	250 μL	0.5 mM
全量	100 mL	

バッファー D　　　　　　　　　　最終濃度

1 M KCl	80 mL	800 mM
1 M リン酸バッファー（pH 7.0）	20 mL	200 mM
200 mM PMSF	250 μL	0.5 mM
全量	100 mL	

H1 透析バッファー　　　　　　　　　　最終濃度

1 M リン酸バッファー（pH 7.0）	5 mL	10 mM
200 mM PMSF	1.25 μL	0.5 mM
全量	500 mL	

プロトコール

1. 培養細胞の核の単離

① HeLa S3 細胞を 4 L 浮遊培養（およそ 2×10^9〜5×10^9 細胞）して，$500\times g$ で 10 分間，4℃で遠心し，上清を捨てて細胞を回収

する．

　②回収した細胞にPBSを適量加えて懸濁して再び500×gで10分間，4℃で遠心して上清を捨てて細胞を洗って回収する．

　③②の操作をもう一度繰り返して，細胞をPBSで洗って回収する．

　④細胞沈殿に氷上で冷やした0.5％（v/v）Triton X-100を含む核調製バッファーを100 mL加え緩やかに撹拌する．ボルテックスで撹拌してはいけない．完全に細胞が懸濁できたら氷上で5分間放置する．

　⑤細胞を氷上でDounce homogenizerを用いて15回ホモジナイズした後，500×gで10分間，4℃で遠心して核を沈殿させる．

　⑥上清を慎重に捨てて，核沈殿に10 mLの冷えた核調製バッファーを加えて均一に懸濁し，さらに90 mLの冷えた核調製バッファーを加えてから500×gで5分間，4℃で遠心して核を洗う．

　⑦⑥の操作をさらに少なくとも2回，核が白く上清が透明になるまで繰り返す．

2. 核クロマチンの可溶化

　①核沈殿にTriton X-100を含まない核調製バッファーを加えて10 mLに合わせる．クロマチンDNA濃度を測定するために，核懸濁液5 μLを1 mLの飽和したNaCl-尿素に移し，クロマチンを溶出させて260 nmの吸光度を測定する（20 OD$_{260}$＝1 mg/mL DNA）．

　②核懸濁液に2 mg/mL DNAになるように核調製バッファーを加えて，35℃で5分間，緩やかに撹拌しながらプレインキュベートする．

　③温まった核懸濁液にマイクロコッカスヌクレアーゼ（25 U/mg DNA）を加えて10分間35℃で緩やかに撹拌しながらインキュベートして，核内でクロマチンDNAを消化する．

　④100 mMのEGTAを最終濃度2 mMになるように加えてDNA消化反応を止める．

　⑤500×gで5分間，4℃で遠心して核を沈殿させる．

　⑥核沈殿に12.5 mLのリシスバッファーを加えて再懸濁し，さらにボルテックスで撹拌して核を溶解させる．

　⑦核溶解物1 μLをとって1％アガロースゲルに流してDNAが200～2000 bpの範囲に消化されていることを確認する．核溶解物を透析チューブに移してリシスバッファーに4℃で1晩，透析する．

細胞沈殿の重量は4L浮遊培養でおよそ10〜15 gほどになる．細胞を何回かに分けて回収する場合は核を単離してから凍らせる方が好ましいが，細胞を液体窒素で凍らせて1〜2か月−70℃で保存することも可能である．いったん凍らせた細胞は37℃で一気に解凍して以下の精製に用いる．

核沈殿を液体窒素で凍らせて−70℃で長期保存することが可能である．いったん凍らせた核は37℃で一気に解凍して以下の精製に用いる．

4 LのHeLa細胞からおよそ50〜75 mgのクロマチンDNAが回収される．

マイクロコッカスヌクレアーゼ消化が不完全な場合，リシスバッファーを加えて核膜を壊すと長いDNAが絡まって，粘性が出て以後の操作ができなくなる．

DNAサイズが2 kb以上のクロマチンは⑧の遠心操作で核の残骸とともに沈殿してしまう．

⑧ 核の残渣を 10,000×g で 10 分間 4℃で遠心して沈殿として除き，上清を可溶化クロマチンとして 4℃で保存する．可溶化クロマチンの少量を水にとって 260 nm の吸光度を測定して DNA の濃度を定量する．

① で求めた DNA 量のおよそ 50%（およそ 30 mg）が可溶化クロマチンとして回収される．

3. ハイドロキシアパタイトカラムクロマトグラフィーによる精製

① ハイドロキシアパタイトを蒸留水に懸濁して細かな粒子を含む上清を捨てて，カラム（20 mL）に詰める．

② 溶液 A とバッファー B をそれぞれ 500 mL 用意して，FPLC システムの A および B ポンプにつなぐ．ハイドロキシアパタイトカラムを 4℃で FPLC システムを用いて 1% バッファー B（10 mM リン酸バッファー）200 mL，流速 8 mL/min で洗い，カラムを平衡化させる．

③ マイクロコッカスヌクレアーゼで消化して調製した可溶化クロマチン最大で 15 mg を，FPLC システムを用いて 1% バッファー B（10 mM リン酸バッファー）流速 4 mL/min で負荷する．さらに同じバッファー条件で 20 分洗浄する．

④ リン酸カリウム濃度を以下の溶出条件で 10 mM から 1 M まで直線的に上昇させて，リンカーヒストン H1 をクロマチンから単離する．この間，流速はすべて 4 mL/min で 8 mL ずつフラクションコレクターで分取する．

溶出条件：直線的なリン酸カリウム濃度勾配

I. 1～9% バッファー B（10～90 mM リン酸バッファー）5 分．

II. 9～35% バッファー B（90～350 mM リン酸バッファー）70 分．ここでヒストン H1 を除いたクロマチンが溶出される．

III. 35～100% バッファー B（0.35～1 M リン酸バッファー）30 分．ここでリンカーヒストン H1 が溶出される．

このフラクションを回収してハイドロキシアパタイトカラムにかけ，コアヒストンを精製することができる[5]．

⑤ 各フラクションのタンパク質を 8 μL ずつ 18%（w/v）SDS-PAGE で解析してヒストン H1 を含むフラクションを確認して回収し，バッファー C で 1 晩，4℃で透析する．

溶出条件 III. のおよそ 3 フラクション（24 mL）ほどにヒストン H1 が溶出される．

4. CM セファロースカラムクロマトグラフィーによる精製および濃縮

① バッファー C（200 mM KCl）で平衡化した 1 mL HiTrap CM カラムに，透析したヒストン H1 を負荷する．

② 4 倍のカラムボリュームのバッファー C で，HiTrap CM カラムを洗浄する．

③ およそ 15 倍のカラムボリュームのバッファー D（800 mM

ヒストンタンパク質はチロシンが少なく，トリプトファンを含まないので280 nmの吸光度が低い．そのため230 nmの吸光度でモニターする．およそ 1.85 OD$_{230}$＝1 mg/mL リンカーヒストン[8]．ちなみにコアヒストンは 4.2 OD$_{230}$＝1 mg/mL [9]．

[注10]
ヒストンタンパク質はチューブにきわめて吸着しやすいので，吸着し難い特殊なチューブを用いる．

KCl）でヒストン H1 を溶出する．この間，1 mL ずつフラクションを分取して 230 nm の波長でヒストン H1 の溶出をモニターする．

④ 各フラクションのタンパク質を 2 μL ずつ 18％（w/v）SDS-PAGE で解析して，ヒストン H1 を含むフラクション（およそ 2 フラクションに濃縮されて溶出される）を確認する．ヒストン H1 を含むフラクションを回収し，4℃で H1 透析バッファーに透析する．透析後，チューブ[注10]に分注して液体窒素あるいはドライアイスで凍らせて−80℃で保存する（図 16.1）.　　〔浦　聖恵〕

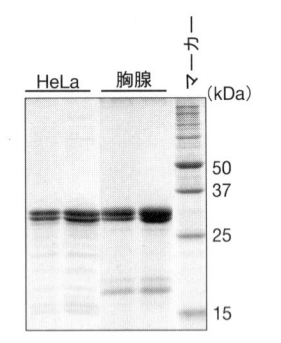

図 16.1 精製したリンカーヒストン H1
HeLa 細胞から塩抽出法で精製したヒストン H1 およびウシの胸腺から酸抽出法で精製したヒストン H1．

参考文献

1) van Holde, K. E.: Chromatin, pp.91-148, Springer, 1988.
2) 浦　聖恵ほか：実験医学，**20**, 1413-1418, 2003.
3) Vaquero, A. *et al.*: *Mol. Cell*, **16**, 93-105, 2004.
4) Saeki, H. *et al.*: *Proc. Natl. Acad. Sci. USA.*, **102**, 5697-5702, 2005.
5) Ura, K. and Kaneda, Y.: *Methods Mol. Biol.*, **181**, 309-325, 2001.
6) Thomas, J.O.: Chromatin, A Practical Approach (Gould, H., ed), pp.1-34, Oxford University Press (on demand), 1998.
7) Chafin, D. R. and Hayes, J. J.: *Methods Mol. Biol.*, **148**, 275-290, 2001.
8) Camerini-Otero, R.D. *et al.*: *Cell*, **8**, 333-347, 1976.
9) Chung, S. *et al.*: *Proc. Natl. Acad. Sci.*, **75**, 1680-1684, 1978.

17

染色体凝縮因子コンデンシンのアフィニティー精製法

　分裂期（M期）染色体凝縮とは，間期核内に折りたたまれて存在しているクロマチンDNAがM期に凝縮して棒状のM期染色体を形成する現象を指す[1]．この過程は，狭い細胞内で長大なゲノムDNAを分配可能となるコンパクトな構造にまとめるため，および両極から伸びた紡錘糸の張力に耐えうる十分な強度を獲得するために必須である．この染色体凝縮に中心的な役割を果たす因子としてコンデンシンは同定された．コンデンシンは二つのSMC（structural maintenance of chromosomes）ATPaseサブユニット（SMC4/CAP-C，SMC2/CAP-E）と3つのnon-SMCサブユニット（CAP-D2，CAP-G，CAP-H）の五量体からなり，そのサブユニット構成は真核生物で広く保存されている[2,3]．

　本章では，ヒトコンデンシンサブユニット（hCAP-G）のC末端配列の合成ペプチドに対するポリクローナル抗体を用いたアフィニティー精製法を紹介する．コンデンシンは細胞あたりおよそ10^6分子（HeLa細胞における値）と比較的多く存在するタンパク質であるため，この精製法により，10^9個の細胞から内在性のコンデンシンを数μg～十数μgのオーダーで精製することができる．ちなみに，他のコンデンシンサブユニットに対するペプチド抗体を用いてもアフィニティー精製は可能だが，抗hCAP-G抗体は特に効率よくホモ五量体を精製することができる．ここでは特に，①抗体の樹脂ビーズへの架橋法（抗体ビーズの作製）と，②ペプチド抗体ビーズによるコンデンシンのHeLa細胞からの精製，について解説する．なお，この精製法は文献[4]を参考にしている．

準備するもの

1. 器具，機械
- ホモジナイザー
- インキュベーター
- エコノカラム（Bio-Rad 731-1550）
- スターラー
- ローテーター
- 高速遠心機

2. 試　薬
- 5 M NaCl
- 0.2 M sodium borate（ホウ酸ナトリウム，pH 9.0）：　NaOH

を使ってpHを9.0に調節し，最終濃度0.2Mになるようにメスアップする．

● 0.2 M ethanolamine（エタノールアミン，pH 8.0）： NaOHを使ってpHを8.0に調節し，最終濃度0.2 Mになるようにメスアップする．

● 1 M K-HEPES（pH 7.7）
● 1 M MgCl$_2$
● 3 M KCl
● 1 M CaCl$_2$
● 0.5 M K-EGTA（pH 7.7）
● グリセロール
● DTT（ジチオスレイトール）

3. 試薬の調製

低張バッファー		最終濃度
1 M K-HEPES（pH 7.7）	2 mL	20 mM
1 M MgCl$_2$	150 μL	1.5 mM
3 M KCl	167 mL	5 mM
全量	100 mL	

使用する前に1 mM DTTとプロテアーゼインヒビターカクテル（Roche製）を加える．

TBS		最終濃度
1 M Tris-HCl（pH 7.4）	1 mL	20 mM
5 M NaCl	1.5 mL	150 mM
全量	50 mL	

pHを7.7に調節して，使用する前にプロテアーゼインヒビターカクテル（Roche製）を加える．

XBE2-gly		最終濃度
3 M KCl	1.67 mL	100 mM
1 M MgCl$_2$	0.1 mL	2 mM
1 M CaCl$_2$	5 μL	0.1 mM
1 M K-HEPES（pH 7.7）	0.5 mL	10 mM
0.5 M K-EGTA（pH 7.7）	0.5 mL	5 mM
100％ グリセロール	5 mL	10 ％
全量	50 mL	

プロトコール

1. 抗体の樹脂ビーズへの架橋

① Protein A Sepharoseビーズ（GE Healthcare Bio-Science製）

を 1.5 mL チューブ 2 本に 100 μL ずつ取り，TBS で 3 回洗う．

② コンデンシンサブユニット hCAP-G に対するペプチド抗体 50 μg を含む 100 μL の TBS を加える．

③ 4℃で 1 時間ローテーターを使って混ぜる．

④ 遠心して上清を捨てた後，1 mL の 0.2 M sodium borate（pH 9.0）で 2 回洗う．

⑤ 5.2 mg の dimethyl pimelimidate（Sigma 製，D-8388）を含む 0.2 M sodium borate（pH 9.0）0.9 mL を加える．

⑥ 30 分間，室温下でローテートする．

⑦ 遠心して上清を捨て，1 mL の 0.2 M ethanolamine（pH 8.0）で 1 回洗い，再び 1 mL 加える．

⑧ 室温下で 2 時間，もしくは 4℃で 1 晩ローテートする．

⑨ 抗体が架橋されたビーズ（抗 hCAP-G 抗体ビーズ）を TBS で 4 回洗う．

樹脂ビーズの洗浄時などで上清を捨てる際に，30 G の注射針とシリンジを用いるとよい．ビーズは吸わずに溶液だけが捨てられて，非常に便利である．

hCAP-G の C 末端配列 N′-CEKSKLNLAQFLNEDLS-C′ をヘモシアニンに架橋したものを抗原にし，ウサギに免疫して得られたポリクローナル抗体．

dimethyl pimelimidate（solid）は使用する直前に 0.2 M sodium borate（pH 9.0）に溶かす．

2. 抗 hCAP-G 抗体ビーズによるコンデンシンの HeLa 細胞からの精製

(1) 細胞抽出液の調製

① 対数増殖期の HeLaS3 細胞 1×10^9 個程度を 5 倍体積量の低張バッファーに懸濁し，10 分間氷上に静置する．

② 氷上でホモジナイザーを使って 30 回ホモジナイズする．

③ ホモジネートを氷上のビーカーに移し，スターラーでゆっくり混ぜながらホモジネートの 1/9 体積量の 3 M KCl を滴下する．

④ そのまま氷上で 30 分間スターラーを用いて混ぜる．

⑤ $150,000\times g$，2℃で 30 分間遠心する．

⑥ 上清（細胞抽出液）を回収する．

(2) アフィニティー精製

⑦ 抗 hCAP-G 抗体ビーズ 200 μL を細胞抽出液と混ぜて 4℃で 1 時間ローテートする．

⑧ エコノカラム（0.8×4 cm，Bio-Rad 製 731-1550）に移す．

⑨ 16 mL の XBE2-gly でカラムを洗う．

⑩ 2 mL の 0.4 M KCl を含む XBE2-gly で洗う．

⑪ 2 mL の XBE2-gly でカラムを洗う．

⑫ 抗原ペプチド 0.4〜0.75 mg/mL を含む XBE2-gly を 200 μL ずつ 2 回溶出し，分取する（フラクション 1，2）[注1]．

⑬ フラクション 2 をとった後，カラムのボトムキャップをしっかり閉め，ペプチド溶液 200 μL（フラクション 3 の分）をカラム

最初のうちは，細胞膜の破砕状態を顕微鏡で確認したほうがよい．

局所的に塩濃度が上がらないように少しずつ添加する．

[注1]
溶出に要するペプチド溶液の濃度と時間は，作製した抗体の抗原に対する親和性によるので条件検討が必要．ときには，親和性が高すぎて抗原ペプチドではほとんど溶出されない場合もある．hCAP-G に対する抗体の場合，5 回以上ウサギに免疫するとコンデンシンに対する親和性が上がりすぎるので注意が必要．

[注2]
上と同じく，用いた抗体によって溶出されるパターンが変化するので，溶出フラクション数には検討が必要．筆者らの用いている抗体では，フラクション3と4にコンデンシンが溶出される（図17.1）．

に加えておく．

⑭ そのまま4℃で1晩放置する．

⑮ フラクション3～6を同様に200 μLずつ分取する[注2]．

⑯ 各フラクションの5～10 μLを使ってSDS-PAGE（7.5％アクリルアミドゲル）を行い，CBB染色でコンデンシンが溶出されたフラクションを確認する（図17.1）．

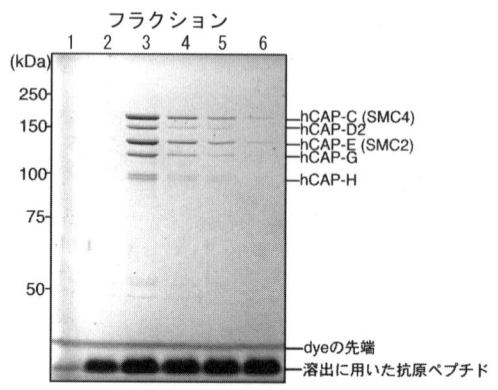

図17.1 コンデンシンの抗体カラムからの溶出
各溶出フラクションから5 μLをSDS-PAGE（7.5％アクリルアミドゲル）に用いた．泳動後，CBB染色をした．

⑰ コンデンシンを含むフラクションには，場合に応じてovalbuminまたはBSA（0.1 mg/mL）とDTT（2 mM）を加え，Microcon YM-30（Millipore製）を用いて5倍程度に濃縮しておくと失活しにくい．

⑱ 必要に応じて，ゲルろ過カラム等によりさらに精製してもよいが，収量は激減する．　〔竹本　愛，木村　圭志，花岡　文雄〕

参考文献

1) Swedlow, J. R. and Hirano, T.: *Mol. Cell*, **11**, 557-569, 2003.
2) Hirano, T.: *Ann. Rev. Biochem.*, **69**, 115-144, 2000.
3) Hagstrom, K. A. and Meyer, B. J.: *Nat. Rev. Genet.*, **4**, 520-534, 2003.
4) Hirano, T. *et al.*: *Cell*, **89**, 511-521, 1997.

18

ヒト培養細胞からのトポイソメラーゼの精製

　トポイソメラーゼ（以下，トポ）は，DNAのトポロジーを変換する酵素で，複製，転写，組換え，修復など，さまざまなDNA代謝に関わっている[1,2]．トポはDNA鎖を一時的に切断し，鎖を通過させ，引き続き再結合させることによりDNAのリンキング数を変化させる．ATP非依存的にDNAの一本鎖を切断するI型（トポIなど）と，ATP依存的に二本鎖を切断するII型（トポIIなど）に大きく分類される．真核生物のトポはトポI，IIともに，DNAの正および負のスーパーコイルを弛緩させる活性をもつ．トポIIはそれに加えて，DNA上に生じたノット（結び目）やカテナー（二本鎖間の絡まり）を解消する活性を持ち，トポIIの活性を阻害すると分裂期（M期）における染色体の分離ができなくなる．また，トポIIはM期染色体の骨格軸にそって存在することが報告されており，染色体を構築するタンパク質としての役割も注目される．

　真核生物のトポIはアミノ酸残基数が760～800程度で，分子量は約100 kDaである．一方，真核生物のトポIIは1,400～1,600のアミノ酸残基を有し，150～180 kDaの分子が二量体を形成している．本章では，HeLa細胞抽出液から，カラムクロマトグラフィーを用いたトポIとトポIIの精製法について紹介している．

準備するもの

1. 器具，機械
- フラクションコレクター
- ホモジナイザー
- エコノカラム
- 高速遠心機
- ペリスタポンプ
- FPLC等の精製装置
- スターラー

2. 試　　薬
- 3 M KCl
- 1 M K_2HPO_4，1 M KH_2PO_4：リン酸バッファー（KPi）を調製しpH 7.5にする．

- 0.5 M EDTA（pH 8.0）
- 2-メルカプトエタノール
- 0.25 M PMSF
- グリセロール
- DTT
- 1 M HEPES（pH 7.5）
- 1 M トリス（ヒドロキシメチル）アミノメタン（Tris）（pH 7.5）

3. カ ラ ム
- DEAE セファロース
- ホスホセルロース
- ハイドロキシアパタイトカラム（GE Healthcare Bio-Science 製）
- MonoQ カラム
- MonoS カラム

4. 試薬の調製

バッファー 1		最終濃度
1 M KPi（pH 7.5）	20 mL	20 mM
0.5 M EDTA	0.2 mL	0.1 mM
3 M KCl	100 mL	300 mM
2-メルカプトエタノール	69.4 μL	1 mM
0.25 M PMSF	1 mL	0.25 mM
エタノール	10 mL	1 %
全量	1,000 mL	

バッファー 2（−EDTA）は，EDTA を含まない以外はバッファー 2 と同じ組成．

バッファー 2		最終濃度
1 M KPi（pH 7.5）	4 mL	20 mM
0.5 M EDTA	40 μL	0.1 mM
2-メルカプトエタノール	13.9 μL	1 mM
0.25 M PMSF	0.2 mL	0.25 mM
100% グリセロール	20 mL	10 %
全量	200 mL	

バッファー 3		最終濃度
1 M Tris（pH 7.5）	20 mL	20 mM
0.5 M EDTA	0.2 mL	0.1 mM
2-メルカプトエタノール	69.4 μL	1 mM

0.25 M PMSF	1 mL	0.25 mM
100% グリセロール	100 mL	10 %
全量	1,000 mL	

バッファー 4		最終濃度
1 M HEPES (pH 7.5)	10 mL	20 mM
3 M KCl	25 mL	150 mM
0.5 M EDTA	0.1 mL	0.1 mM
100% グリセロール	250 mL	50 %
1 M DTT	0.5 mL	1 mM
全量	500 mL	

プロトコール

1. 細胞抽出液の調製

対数増殖期の HeLa S3 細胞は 3×10^9 個程度を使い，前章（17 章）と同様の操作で細胞抽出液を調製する．

2. DEAE カラムクロマトグラフィーによる核酸の除去

① DEAE セファロース（50 mL）をエコノカラム（5×20 cm）に詰め，10 カラム量（CV）のバッファー 1 で平衡化する．

② 流速が 1 mL/min（およそ 1 CV/h）程度になるようにペリスタポンプを調節する．

③ 細胞抽出液をカラムに負荷し，バッファー 1 を流しながら 10 mL ずつフラクションを分取する．

④ 各フラクションの OD_{260} と OD_{280} を測って，タンパク質のピークフラクションを回収する．タンパク濃度は，$(1.45 \times OD_{280} - 0.72 \times OD_{260})$ mg/mL で概算することができる．

3. ホスホセルロースカラムによる精製

① ホスホセルロース（10 mL）をエコノカラム（2.5×20 cm）に詰め，10 CV の 0.3 M KCl を含むバッファー 2 で平衡化する．

② DEAE クロマトグラフィーのピークフラクションをカラムに負荷する（1 CV/h）．

③ 0.45 M KCl を含むバッファー 2 を 30 mL 用いてカラムを洗浄する．

④ 0.6 M KCl を含むバッファー 2（−EDTA）を 30 mL 使って溶

ハイドロキシアパタイトは，EDTA，EGTA 存在下で不安定である．サンプルを次に，ハイドロキシアパタイトカラムに直接負荷するので，EDTA を含んでいないバッファーを用いて溶出した．

ハイドロキシアパタイトをカラムの担体に用いる際にはバッファーには EDTA，EGTA 等の金属のキレート剤を加えてはいけない．

出する（3 mL/フラクション）．トポⅡが溶出される．

⑤ 1 M KCl を含むバッファー 2（-EDTA）を 30 mL 使って溶出する（3 mL/フラクション）．トポⅠが溶出される．

⑥ ④ と ⑤ の各溶出フラクションのピークをそれぞれ回収する．ホスホセルロースカラムから溶出したトポⅠ，トポⅡはそれぞれさらにハイドロキシアパタイトカラムで精製する．

4. ハイドロキシアパタイトカラムクロマトグラフィーによる精製

① ハイドロキシアパタイトカラム（Bio-Scale CHT-1，5 mL）を 1 M KCl（トポⅠの場合）または 0.6 M KCl（トポⅡの場合）を含む 10 CV のバッファー 2（-EDTA）で平衡化する．

② トポⅠまたはトポⅡ溶出フラクションをハイドロキシアパタイトカラムに負荷する．この際，流速は 1 mL/min で行う．

③ 0.2 M KPi（pH 7.5）を含むバッファー 2（-EDTA）を 15 mL 使って，カラムを洗浄する．

④ バッファー 2（-EDTA）中の KPi（pH 7.5）について，0.2 M から 0.7 M の直線的濃度勾配により 30 mL で溶出する．フラクションは 2.5 mL ずつ分取する．

⑤ さらに，0.7 M KPi（pH 7.5）を含むバッファー 2（-EDTA）10 mL で溶出する．フラクションは 2.5 mL ずつ分取する．

⑥ ピークフラクションを SDS-PAGE 分析することで，目的タンパク質を検出する．また，DNA relaxation アッセイ（参考として後述した）による活性の検出もあわせて，トポの存在するフラクションを確認する（図 18.2）．

⑦ トポⅡは 0.15 M KCl を含むバッファー 3，トポⅠは 0.1 M KCl を含むバッファー 3 で透析する．

トポⅠはこの後，MonoS カラムを用いて精製し，トポⅡは MonoQ カラムにかけた後，さらに MonoS カラムで精製する．

5. MonoQ カラムクロマトグラフィーによる精製（トポⅡのみ）

① 0.15 M KCl を含むバッファー 3 で平衡化した 1 mL の MonoQ カラムにトポⅡのハイドロキシアパタイトカラム溶出フラクションを負荷する．この際，流速は 0.5 mL/min で行う．

② 0.15 M KCl を含むバッファー 3 を 5 mL 使ってカラムを洗浄する．

③ バッファー 3 に含まれる KCl を 0.15 M から 0.5 M の直線的濃度勾配にして，10 mL で溶出する．0.5 mL ずつフラクションを分

取する．

④ピークフラクションをSDS-PAGE分析とDNA relaxationアッセイすることでトポⅡの存在を確認する．

⑤0.1 M KClを含むバッファー3で透析する．

6. MonoSカラムクロマトグラフィーによる精製

①0.1 M KClを含むバッファー3で平衡化した1 mLのMonoSカラムにサンプルをロードする．この際，流速は0.5 mL/minで行う．

②0.1 M KClを含むバッファー3を5 mL使ってカラムを洗浄する．

③バッファー3に含まれるKClを0.1 Mから0.5 Mの直線的濃度勾配にして，10 mLで溶出する．フラクションは，0.5 mLずつ分取する．

④ピークフラクションをSDS-PAGEによりトポの存在を確認する．

⑤バッファー4に透析し，使いやすい量に分注して液体窒素で凍結後，−70℃にて保存する．解凍後は−20℃で保存する．

各精製段階のサンプルをSDS-PAGEで検出した結果を示した（図18.1）．

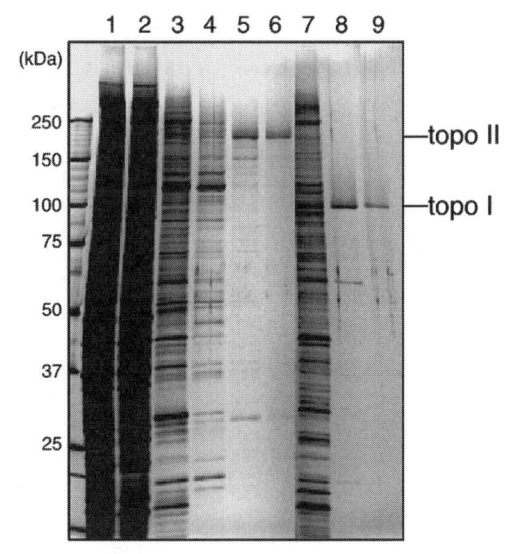

図18.1 トポイソメラーゼ（トポ）のカラムクロマトグラフィーによる精製
1：細胞抽出液，2：DEAEカラム溶出画分，3：ホスホセルロースカラムからのトポⅡ（0.6 M KCl）溶出画分，4：トポⅡのハイドロキシアパタイトカラム溶出画分，5：トポⅡのMonoQ溶出画分，6：トポⅡのMonoS溶出画分，7：ホスホセルロースカラムからのトポⅠ（1 M KCl）溶出画分，8：トポⅠのハイドロキシアパタイトカラム溶出画分，9：トポⅠのMonoS溶出画分，をSDS-PAGE後，銀染色した．

参考：DNA relaxation アッセイ —トポ活性の検出—

　トポの精製過程で，カラムクロマトグラフィーの各フラクションをSDS-PAGEすることによりタンパク質の存在を確認するとともに，DNA relaxationアッセイでトポの活性も指標にピークを確認するとより確実である．精製過程に従って，比活性の上昇を追うことができる．トポI活性はATPを要求しないのに対し，トポIIの活性はATP依存的なので，ホスホセルロースカラムクロマトグラフィーによりトポIとトポIIを分離した後は，アッセイ系にATP（最終濃度1 mM）を添加することでトポIIの活性を検出することが可能である（図18.2のB）．

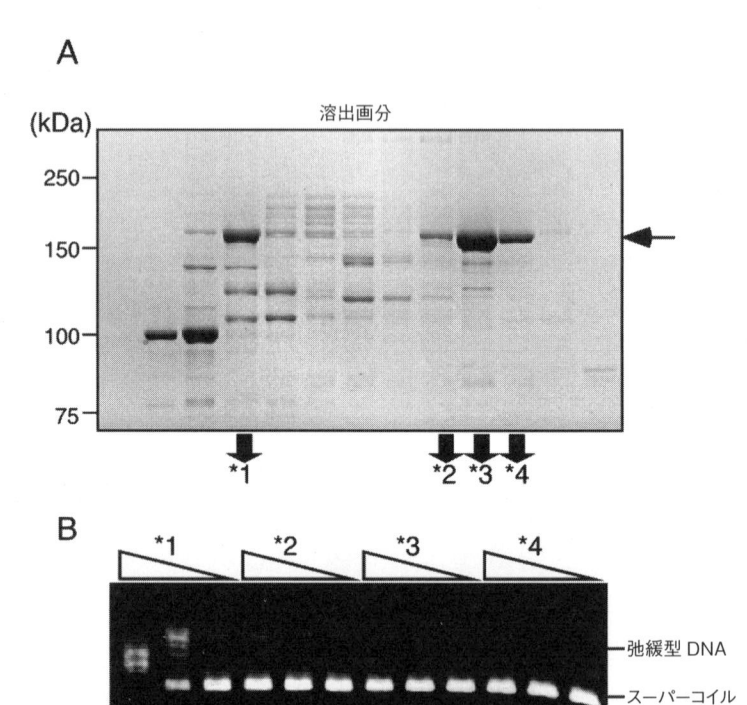

図18.2 MonoQカラムからの溶出フラクション（トポII）
A：ピークフラクションのSDS-PAGE（CBB染色）によるトポIIの検出．ヒトのトポIIの分子量から，170 kDa付近（矢印）にバンドを検出したフラクション（*1，*2，*3，*4）をBのアッセイに用いた．
B：DNA relaxationアッセイによるトポII活性の検出．*1にトポIIが存在することがわかる．

反応系		最終濃度
1 M Tris（pH 7.5）	1 μL	20 mM
3 M KCl	0.8 μL	120 mM
0.2 M $MgCl_2$	1 μL	10 mM

10 mM DTT	1 μL	0.5 mM
5 mM EDTA	2 μL	0.5 mM
1 mg/mL BSA	2 μL	0.1 mg/mL
スーパーコイル DNA		0.1 μg/アッセイ
（大腸菌からとったプラスミド，3〜5 kbp 程度）		
MilliQ 水	19 μL にする	
サンプル	1 μL	
（1/50, 1/100, 1/500 程度に段階的に希釈して使用する）		

TBE		最終濃度
Tris	10.8 g	89 mM
ホウ酸	5.5 g	89 mM
0.5 M EDTA（pH 8.0）	4 mL	2 mM
全量	1 L	

① 37°Cで10分間インキュベートする．

② 反応停止溶液（20% SDS（sodium dodecylsulfate），0.2 M EDTA，2% BPB（Bromophenol Blue），10% パーコール）を 5 μL 添加して反応を止める．

③ アガロースゲル（0.7%）電気泳動をする（TBE 使用）．

④ ethidium bromide で染色して検出する（図 20.2）．

トポIIのアッセイについては，kinetoplast DNA（Topogen 製）を基質として用いた decatenation アッセイを行えば，より特異的にトポIIの活性を検出することができる．

〔竹本　愛，木村　圭志，花岡　文雄〕

ゲルや泳動バッファーに ethidium bromide（エチジウムブロマイド）を入れない！

参考文献

1) Watt, P. M. and Hickson, I. D.: *Biochem. J.*, **303**, 681–695, 1994.
2) Wang, J. C.: *Ann. Rev. Biochem.*, **65**, 635–692, 1996.

19 培養細胞からのヒストンの精製法

真核細胞のゲノム DNA は,高次に折りたたまれたクロマチン構造をとっている.その基本単位となるのがヌクレオソームである.ヌクレオソームは DNA,リンカーヒストン,ヒストンオクタマーからなる.さらにヒストンオクタマーは,H2A/H2B 二量体(以下 H2A/H2B)2 分子と,H3/H4 四量体(以下 H3/H4)1 分子から構成される.

本章では,HeLa 細胞からヒストンタンパク質を精製する方法を紹介する.この方法によって,H2A/H2B と H3/H4 を変性させることなく大量に精製することができる.

準備するもの

1. 器具,機械
- CO_2 インキュベーター
- スピナーフラスコ
- 遠心機
- Dounce ホモジナイザー(tight pestle)
- ウォーターバス
- 透析膜(Spectra/Por MWCO 6-8000)
- エコノカラム(Bio-Rad 製)
- ペリスタポンプ
- フラクションコレクター
- シリコン化チューブ

2. 試　薬
- DMEM 培地(5% 子ウシ血清,20 mM グルコース,1% ペニシリン/ストレプトマイシン含有)
- 1×PBS(137 mM NaCl,2.7 mM KCl,10 mM Na_2HPO_4,2 mM KH_2PO_4)
- 1 M Tris-HCl(pH 8.0),1 M Tris-HCl(pH 7.5)
- 1 M $MgCl_2$
- 100 mM $CaCl_2$
- 100 mM PMSF(phenylmethylsulfonyl fluoride)

- スクロース
- Triton-X 100
- NaCl
- グリセロール
- マイクロコッカスヌクレアーゼ（MNase, Worthington Biochemical 製）： 10 mM Tris-HCl（pH 7.5），50 mM NaCl，50% グリセロールバッファーに 1 ユニット/μL になるように溶かす．
- 0.5 M EDTA
- 1 M リン酸バッファー（pH 6.7）： まず，1 M K_2HPO_4 と 1 M KH_2PO_4 を調製する．それらを混合して pH を 6.7 に合わせ，1 M リン酸バッファー（pH 6.7）とする．

3. カラム充填剤

- ハイドロキシアパタイト DNA Grade Bio-Gel HTP（Bio-Rad 製）
- CM52（Whatman 製）

4. 試薬の調製

バッファー A		最終濃度
1 M Tris-HCl（pH 7.5）	1 mL	10 mM
1 M $MgCl_2$	0.15 mL	1.5 mM
100 mM $CaCl_2$	1 mL	1 mM
100 mM PMSF	0.1 mL	0.1 mM
スクロース	8.55 g	0.25 mM
全量	100 mL	

バッファー B		最終濃度
1 M Tris-HCl（pH 7.5）	1 mL	10 mM
NaCl	0.47 g	80 mM
100 mM $CaCl_2$	2 mL	2 mM
グリセロール	25 mL	25 %
全量	100 mL	

バッファー C		最終濃度
NaCl	110.5 g	0.63 M
1 M K-PO_4（pH 6.7）	30 mL	10 mM
100 mM PMSF	7.5 mL	0.25 mM
全量	3,000 mL	

バッファー D		最終濃度
NaCl	54.3 g	0.93 M
1 M K–PO$_4$ (pH 6.7)	10 mL	10 mM
100 mM PMSF	2.5 mL	0.25 mM
全量	1,000 mL	

バッファー E		最終濃度
NaCl	70.1 g	1.2 M
1 M K–PO$_4$ (pH 6.7)	10 mL	10 mM
100 mM PMSF	2.5 mL	0.25 mM
全量	1,000 mL	

バッファー F		最終濃度
NaCl	116.9 g	2.0 M
1 M K–PO$_4$ (pH 6.7)	10 mL	10 mM
100 mM PMSF	2.5 mL	0.25 mM
全量	1,000 mL	

バッファー G		最終濃度
NaCl	17.5 g	0.2 M
1 M Tris–HCl (pH 8.0)	15 mL	10 mM
0.5 M EDTA	3 mL	1 mM
全量	1,500 mL	

バッファー H		最終濃度
NaCl	35.1 g	0.4 M
1 M Tris–HCl (pH 8.0)	15 mL	10 mM
0.5 M EDTA	3 mL	1 mM
全量	1,500 mL	

バッファー I		最終濃度
NaCl	58.44 g	2 M
1 M Tris–HCl (pH 8.0)	5 mL	10 mM
0.5 M EDTA	1 mL	1 mM
全量	500 mL	

プロトコール

1. HeLa 細胞の大量培養

① 細胞を 5 mL の DMEM 培地にて,37℃,5% CO$_2$ インキュベ

ーターで静置培養を行う．

② 2～3日間培養後，細胞を回収して，細胞数が 5×10^4/mL になるように，100 mL の培地が入ったスピナーフラスコに継代する．

③ 3～5×10^5/mL に細胞が増えたところで，細胞数が 5×10^4/mL になるように1Lの培地が入ったスピナーフラスコに継代する．

④ 3×10^5～5×10^5/mL に細胞が増えたところで，細胞数が 5×10^4/mL になるように5Lの培地が入ったスピナーフラスコに継代する．

⑤ 5日間培養した後，血球計算板を用いて細胞数を数える．

⑥ 500×g, 4℃で5分間遠心し，細胞を回収する．

⑦ 1×PBSで細胞を洗浄したのち，使用するまで−80℃に凍結保存しておく．

2. 核の調製

界面活性剤を含む低張液（10 mM Tris-HCl (pH 7.5), 1.5 mM MgCl$_2$, 1 mM CaCl$_2$, 0.1 mM PMSF, 0.25 M スクロース, 0.5% Triton-X 100）でHeLa細胞を膨張させ，Dounce ホモジナイザーにより細胞膜を破壊する．破壊した細胞を低速で遠心し，核を回収する．

以下の操作は4℃で行う．

① −80℃で保存しておいた 1×10^9 量の細胞を溶かす．

② 氷上で冷やしておいたバッファーA 40 mLに懸濁する．

③ 500×g, 4℃で5分間遠心する．

④ 上清を捨て，最終濃度が0.5%になるようにTriton-X 100を加えたバッファーA 40 mLに，細胞を懸濁する．

⑤ 氷上に10分静置し，細胞を膨張させる．

⑥ 懸濁液をDounce ホモジナイザーに注ぐ．

⑦ Dounce ホモジナイザーで，40回ホモジナイズする．

⑧ 500×g, 4℃で5分間遠心する．

⑨ 沈殿が崩れやすいので注意しながら，ゆっくり上清を捨てる．

⑩ 沈殿をバッファーA 40 mLに懸濁する．

⑪ 500×g, 4℃で5分間遠心する．

⑫ ゆっくり上清を捨てる．

⑬ ⑩～⑫の操作を，核が白くて固いペレットになるまで5回ほど繰り返す．

⑭ 調製した核をバッファーA 20 mLに懸濁する．

⑮ 血球計算板を用いて，回収した核の数を計算する．

⑯ 遠心して上清を除き，核を液体窒素で凍結させる．
⑰ 使用するまで-80℃で保存する．

3. クロマチンの核からの抽出

核からクロマチンを抽出するために，マイクロコッカスヌクレアーゼ（MNase）によるクロマチンの消化を行う．核に MNase を加えると，リンカー DNA が優先的に分解され，断片化したクロマチンが可溶化する．

① 保存しておいた核を，$1×10^8$ cells/mL になるようにバッファー B に懸濁する．

② 懸濁液を 500 μL ずつ，1.5 mL チューブに分注する．

③ 100 mM $CaCl_2$ を 10 μL（最終濃度 1 mM），バッファー B を 390 μL，MNase を 100 μL ずつ（100 ユニット）加え，全量 1 mL にする．

④ 37℃で 20 分インキュベートする[注1]．

⑤ 20 mM（最終濃度）になるように EDTA を加え，反応を止める．

⑥ 500×g，4℃で 5 分間遠心する．

⑦ 沈殿を 500 μL の EDTA 溶液（0.2 mM EDTA, 0.25 mM PMSF）に懸濁する．

⑧ 500×g，4℃で 5 分間遠心し，上清を回収する．

⑨ ⑦⑧のステップを繰り返し，上清を回収する．

⑩ 20％の SDS-PAGE で，上清にヒストンが溶出していることを確認する（図 19.1）．

⑪ 上清を集め，OD_{260} を測定して DNA 量を算出する[注2]．

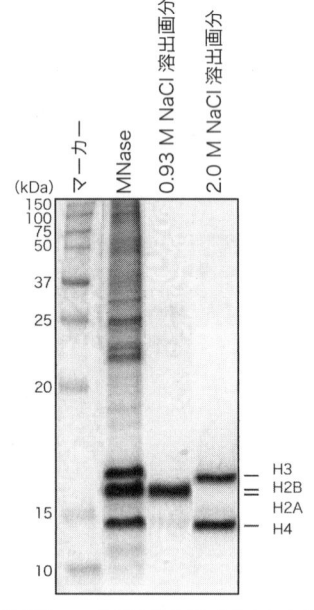

4. ハイドロキシアパタイトカラムクロマトグラフィーによるヒストンの精製

MNase 処理で抽出したクロマチンを，DNA を介してハイドロキシアパタイト樹脂に結合させる．NaCl 濃度を段階的に上げ，H2A/H2B と H3/H4 を別々に精製する．

① 抽出したクロマチンをバッファー C 2 L に対して透析する．

② ハイドロキシアパタイト樹脂をバッファー C に懸濁する．5 mg DNA に対して，1 g のハイドロキシアパタイト樹脂を用いる．

③ 樹脂をエコノカラムに詰めてバッファー C で平衡化したのち，透析したクロマチンを吸着させる．

④ OD_{230} が安定するまでバッファー C で洗い（カラム容量

[注1]
溶液中に回収されるクロマチン量は，MNase の反応条件に依存する．MNase 量や時間を変え，条件を最適化するとよい．例えば，MNase による反応を行った後，回収した上清の OD_{260} を測定し比較すると，どの条件でクロマチンが可溶化しやすいかがわかる．

[注2]
回収した DNA のおおまかな量は，$20\ OD_{260}=1$ mg/mL から計算できる．

図 19.1 ハイドロキシアパタイトカラムクロマトグラフィーによる精製

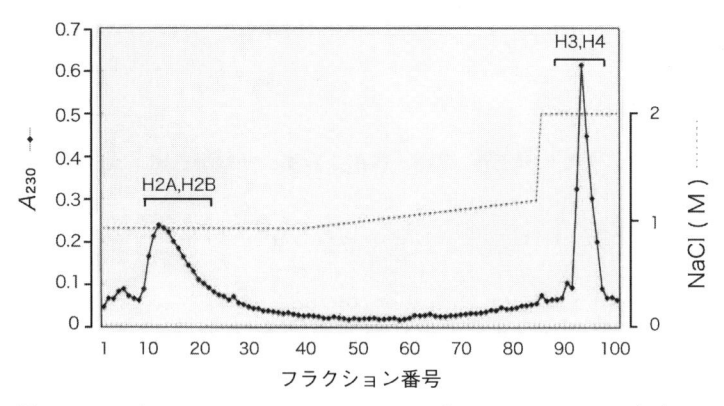

図 19.2 ハイドロキシアパタイトカラムクロマトグラフィーによる HeLa 細胞ヒストンの分画

(column volume) の約 4 倍，4 CV），リンカーヒストンを溶出させる[注3]．

⑤ 3.5 CV のバッファー D で H2A/H2B を溶出する（図 19.2）．

⑥ 2.5 CV のバッファー D と 2.5 CV のバッファー E で直線的な濃度勾配をかけ，H2A/H2B を完全に溶出させる．

⑦ 2 CV のバッファー F で H3/H4 を溶出する（図 19.2）．

⑧ 20% SDS-PAGE を行い，H2A/H2B と H3/H4 を含むフラクションをそれぞれ集める（図 19.3）．

5. CM52 カラムクロマトグラフィーによる H2A/H2B および H3/H4 の精製と濃縮

ハイドロキシアパタイトカラムにより精製した H2A/H2B および H3/H4 を，CM52 樹脂[注4]を用いてさらに精製，濃縮することができる．

① H2A/H2B はバッファー G に，H3/H4 はバッファー H に対して透析する．

② 透析に用いたのと同じバッファーで CM52 樹脂を平衡化する[注5]．

③ ヒストンを含む溶液に直接 CM52 樹脂を加える．

④ 4℃で 2 時間以上振とうする．

⑤ 150×g で遠心して上清を取り除く．

⑥ 樹脂をエコノカラムに詰める．

⑦ それぞれのカラムを，10 CV の平衡化に用いたバッファーで洗う．

⑧ H2A/H2B および H3/H4 を，5 CV のバッファー I で溶出する．

[注3]
通常，タンパク質の濃度は OD_{280} で測定するが，ヒストンは OD_{280} で吸収を示すチロシン，フェニルアラニン，トリプトファン残基の含有量が少ないため，OD_{230} で測定することが多い．およそのヒストンの濃度は，1 mg/mL 当たり OD_{230}=4.2 で推定できる[3]．

用いる培養細胞によって，ヒストンが溶出する NaCl 濃度が変わる可能性があるので，大量調製する前に最適化するとよい．

[注4]
CM52 は，カルボキシメチル基を官能基としてもつ，弱陽イオン交換体である．

[注5]
ヒストン 5 mg を精製するために，体積にして 1 mL 分の CM52 を用いる[4]．

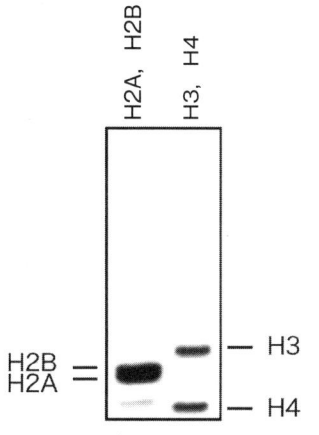

図 19.3 CM-52 カラムクロマトグラフィーによる精製

[注6]
ヒストンは塩基性タンパク質なのでチューブの内壁に付着しやすく,それを防ぐためシリコン化したチューブを用いる.

⑨ SDS-PAGE を行い,ヒストンが溶出していることを確認する.

⑩ 精製したヒストンはシリコン化したチューブに入れ,−80℃で保存する[注6].〔俵元 麻貴,香川 亜子,胡桃坂仁志,横山 茂之〕

参 考 文 献

1) 瓜谷郁三ほか:生物化学実験法 22 クロマチン実験法(大場義樹,水野重樹編著), pp.18–23, 55–56, 学会出版センター, 1988.
2) Simon, R. H. and Felsenfeld, G.: *Nucleic Acids Res.*, **6**, 689–696, 1979.
3) Thomas, J. O. and Butler, P. J. G.: *J. Mol. Biol.*, **116**, 769–781, 1977.
4) Ura, K. and Kaneda, Y.: Methods in Molecular Biology, vol. 181 (A. Ward ed.), pp.309–325, Humana Press, 1999.

20

無細胞タンパク質合成系によるタンパク質発現・精製法

　筆者らは「タンパク3000」プロジェクトの中でタンパク質の構造・機能解析を行っている．このプロジェクトの中で種々のタンパク質を合成・精製しているわけであるが，タンパク質発現方法の一つとして，無細胞タンパク質合成系を用いて，His_6タグ付きタンパク質として発現させ，アフィニティー精製を行って構造解析用の試料タンパク質を作製している．

　本章では，この無細胞タンパク質発現・精製法について紹介する[1,2]．精製においてはアフィニティークロマトグラフィーや脱塩といった一般的に広く用いられているものを使用し，タンパク質精製の基本的操作について記述している．

準備するもの

1. 器具，機械
- シェーカー付きエアインキュベーター
- クローサー
- 透析膜（幅45 mm，MWCO 15 kDa）
- オープンパック（サニプラテック製OP-400）
- 高速遠心機
- AKTAシステム

2. 試　薬
- LMCP-tRNA
- 17.5 mg/mL tRNA
- 5% NaN_3
- 1.6 M $Mg(OAc)_2$
- 20 mM アミノ酸（20種全部）+10 mM DTT
- 3.75 mg/mL クレアチンキナーゼ
- 10 mg/mL T7 RNA ポリメラーゼ
- S30 extract
- トリス（ヒドロキシメチル）アミノメタン（Tris）
- NaCl
- イミダゾール

- DTT（ジチオスレイトール）
- EDTA
- TEV プロテアーゼ

3. カラム
- HisTrap HP（GE Healthcare Bio-Science 製）
- HiPrep 26/13 Desalting（GE Healthcare Bio-Science 製）

4. 試薬の調製

feeding solution

LMCP-tRNA	33.6 mL
5% NaN$_3$	0.90 mL
S30 バッファー	27.0 mL
1.6 M Mg(OAc)$_2$	0.52 mL
20 mM アミノ酸	6.75 mL
水	21.23 mL
全量	90 mL

reaction solution-DNA

LMCP-tRNA	3.36 mL
17.5 mg/mL tRNA	0.09 mL
5% NaN$_3$	0.09 mL
1.6 M Mg(OAc)$_2$	0.052 mL
20 mM アミノ酸	0.675 mL
3.75 mg/mL クレアチンキナーゼ	0.60 mL
10 mg/mL T7 RNA ポリメラーゼ	0.675 mL
S30 extract	0.60 mL
水	1.222 mL
全量	8.85 mL

バッファー A

		最終濃度
1 M Tris-HCl（pH 8.0）	20 mL	20 mM
NaCl	58.44 g	1 M
イミダゾール	1.36 g	20 mM
全量	1000 mL	

バッファー B

		最終濃度
1 M Tris-HCl（pH 8.0）	10 mL	20 mM

NaCl	14.61 g	500 mM
イミダゾール	17.02 g	500 mM
全量	500 mL	

バッファー C		最終濃度
1 M Tris-HCl（pH 8.0）	20 mL	20 mM
NaCl	17.53 g	300 mM
イミダゾール	1.36 g	20 mM
全量	1,000 mL	

バッファー D		最終濃度
1 M Tris-HCl（pH 8.0）	20 mL	20 mM
NaCl	17.53 g	300 mM
イミダゾール	34.04 g	500 mM
全量	1,000 mL	

プロトコール

1. 無細胞タンパク質合成

① feeding solution 90 mL を，オープンパックに入れる．

② あらかじめテンプレート DNA 18 μg を加えておいた 15 mL チューブに，reaction solution－DNA 8,850 μL を添加する．

③ 透析膜をビーカーから出して水をしごき出し，片側の端をクローサーで閉じる．もう一度水をしごき出す．

④ オートピペッターを用いて，reaction solution＋DNA をピペッティングしてよく混ぜて，全量透析膜の中に移し入れる．

⑤ もう一方の端をクローサーで閉じて，オープンパックの中に入れる．

⑥ オープンパックの蓋をして，パラフィルムを巻いてインキュベーターの中に入れ，振とうを始める．

⑦ 30℃で 1 晩インキュベートした後，reaction solution の回収を行う．

2. 可溶性画分の回収

① 無細胞タンパク質合成反応液を回収し，バッファー A で 3 倍希釈する．

② 16,000×g で 20 分遠心し，上清を回収する．

③ シリンジフィルター（Millex-HV 0.45 μm，Millipore 製）で

遠心上清をろ過する．

3. HisTrap HP カラムクロマトグラフィーによる精製

① バッファーA（10 CV）にて平衡化した1 mL HisTrap HP カラムに，遠心・フィルトレーションにより沈殿を取り除いたタンパク質合成反応液を負荷する．クロマトグラフィーは，流速1.0 mL/minにて行う．その際，フロースルー画分をまとめて分取しておく．

② 目的タンパク質を負荷したHisTrap HP カラムを，バッファーA（10 CV）によって洗浄する．

③ バッファーBを用いてイミダゾール濃度を0.5 Mに上昇させ，目的タンパク質を溶出する．その際，1.0 mLずつフラクションを分取する（図20.1，20.2）．

④ タンパク質のピークフラクションをSDS-PAGEによって分析し，目的タンパク質を確認する．

⑤ 目的タンパク質を含むフラクションを集める．

4. TEVプロテアーゼによるタグの切断

① アフィニティー精製によって得られたタンパク質に最終濃度5 mMとなるようにEDTAを添加する．

② 1 mg/mLのTEVプロテアーゼを100 μL添加し，30℃，3時間タグの切断を行う．

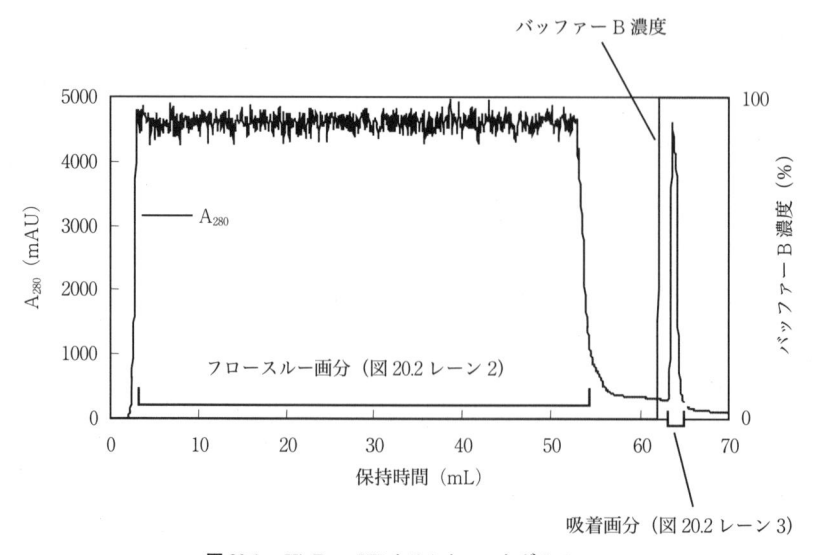

図20.1 HisTrap HP カラムクロマトグラフィー

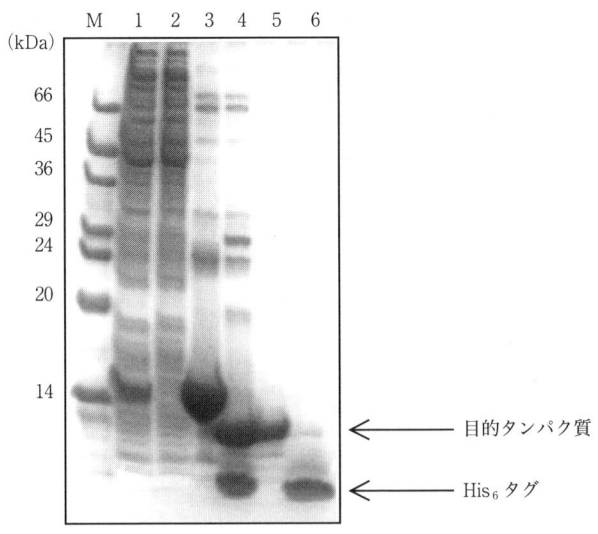

図 20.2 His$_6$ タグタンパク質の合成から精製までの SDS-PAGE
M：マーカー，1：無細胞タンパク質合成液上清，2：HisTrap HP カラム精製のフロースルー画分，3：HisTrap HP カラム精製の吸着画分（目的タンパク質），4：TEV プロテアーゼによるタグの切断，5：タグ除去のための HisTrap HP カラム精製のフロースルー画分（目的タンパク質），6：タグ除去のための HisTrap HP カラム精製の吸着画分（タグおよび TEV プロテアーゼ）．

5. HiPrep 26/13 Desalting カラムクロマトグラフィーによる脱塩

① バッファー C（10 CV）にて平衡化した HiPrep 26/13 Desalting カラムに，タグを切断したタンパク質溶液を負荷する．クロマトグラフィーは，流速 2.0 mL/min にて行う．

② 目的タンパク質を負荷した HiPrep 26/13 Desalting カラムを，バッファー C によって溶出しタンパク質画分を集める．

6. HisTrap HP カラムクロマトグラフィーによるタグおよび TEV プロテアーゼの除去

① バッファー C（10 CV）にて平衡化した 1 mL HisTrap HP カラムに，脱塩をしたタンパク質溶液を負荷する．クロマトグラフィーは，流速 2.0 mL/min にて行う．

② 目的タンパク質を負荷した HisTrap HP カラムを，バッファー C（10 CV）によって洗浄する．

③ タグ部分を切断した目的タンパク質は，ほとんどの場合 HisTrap HP カラムに吸着せずフロースルー画分に溶出してくるので，タンパク質を負荷した時点から 2.0 mL ずつフラクションを分取する．

④ バッファー D を用いて 20 mM から 250 mM までイミダゾー

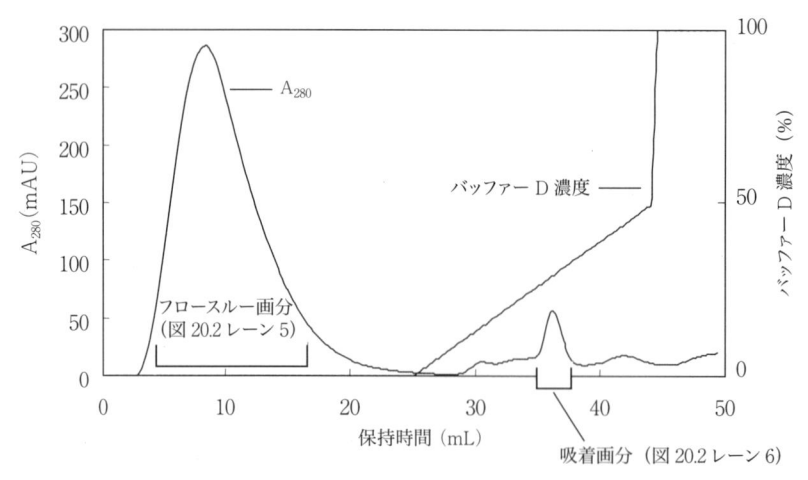

図 20.3 タグ除去の HisTrap HP カラムクロマトグラフィー

ル濃度を 20 CV 当量で直線的に上昇させ，さらに 500 mM にイミダゾール濃度を上昇させ，カラムに吸着したタンパク質を溶出する．その際，1.0 mL ずつフラクションを分取する（図 20.3）．

⑤ タンパク質のピークフラクションを SDS-PAGE によって分析し，目的タンパク質を確認する．

⑥ 目的タンパク質を含むフラクションを集め，濃縮し 0.5 mM，1 mM となるように EDTA，DTT をそれぞれ添加し 4℃に保存する．

〔原田　拓志，木川　隆則〕

参 考 文 献

1) Kigawa, T. *et al.*: *FEBS Lett.*, **442** (1), 15-19, 1999.
2) Kigawa, T. *et al.*: *J. Struct. Funct. Genomics*, **5** (1-2), 63-68, 2004.

21

無細胞タンパク質合成系によるタンパク質のアミノ酸標識法

　筆者らは「タンパク3000」プロジェクトの中でタンパク質の構造・機能解析を行っている．一般にNMRによるタンパク質構造解析を行う際には$^{13}C/^{15}N$の安定同位体標識をタンパク質に施して調製を行う．またX線結晶構造解析においてはセレノメチオンを導入したタンパク質を調製する．このプロジェクトの中では種々のタンパク質を合成・精製しているわけであるが，タンパク質発現においては無細胞タンパク質合成系を用いてHis$_6$タグ付き標識タンパク質として発現させ，アフィニティー精製を行って構造解析用の試料タンパク質を作製している．

　本章では，この無細胞タンパク質発現におけるアミノ酸標識法について紹介する[1,2]．ここでは$^{13}C/^{15}N$安定同位体標識タンパク質の合成から精製について記述している．

準備するもの

1. 器具，機械
- シェーカー付きエアインキュベーター
- クローサー
- 透析膜（幅45 mm，MWCO15 kDa）
- オープンパック（サニプラテック製OP-400）
- 高速遠心機
- AKTAシステム

2. 試　薬
- LMCP-tRNA
- 17.5 mg/mL tRNA
- 5% NaN$_3$
- 1.6 M Mg(OAc)$_2$
- $^{13}C/^{15}N$標識アミノ酸
- 3.75 mg/mL クレアチンキナーゼ
- 10 mg/mL T7 RNAポリメラーゼ
- S30 extract
- トリス（ヒドロキシメチル）アミノメタン（Tris）
- NaCl

- イミダゾール
- DTT（ジチオスレイトール）
- EDTA
- TEV プロテアーゼ

3. カラム
- HisTrap HP（GE Healthcare Bio-Science 製）
- HiPrep 26/13 Desalting（GE Healthcare Bio-Science 製）

4. 試薬の調製

20 mM ^{13}C/^{15}N アミノ酸 + 10 mM DTT 溶液

L-グルタミン	3.06 g
L-アスパラギン	2.76 g
L-アルギニン-塩酸塩	5.12 g
L-トリプトファン	4.32 g
L-リジン一塩酸塩	3.8 g
L-ヒスチジン一塩酸塩一水和物	4.36 g
L-(−)-フェニルアラニン	3.5 g
L-イソロイシン	2.76 g
L-ロイシン	2.76 g
L-グルタミン酸	3.06 g
L-プロリン	2.42 g
L-アスパラギン酸	2.76 g
L-グリシン	1.56 g
L-バリン	2.46 g
L-セリン	2.18 g
L-α-アラニン	1.86 g
L-トレオニン	2.52 g
L-システイン-塩酸塩-水和物	3.592 g
L-メチオニン	3.1 g
DTT	1.5425 g
L-チロシン	3.82 g
全量	1,000 mL

feeding solution

LMCP-tRNA	33.6 mL
5% NaN$_3$	0.90 mL

S30 バッファー	27.0 mL
1.6 M Mg (OAc)$_2$	0.52 mL
20 mM ^{13}C/^{15}N アミノ酸	6.75 mL
水	21.23 mL
全量	90 mL

reaction solution-DNA

LMCP-tRNA	3.36 mL
17.5 mg/mL tRNA	0.09 mL
5% NaN$_3$	0.09 mL
1.6 M Mg (OAc)$_2$	0.052 mL
20 mM ^{13}C/^{15}N アミノ酸	0.675 mL
3.75 mg/mL クレアチンキナーゼ	0.60 mL
10 mg/mL T7 RNA ポリメラーゼ	0.675 mL
S30 extract	0.60 mL
水	1.222 mL
全量	8.85 mL

バッファー A		最終濃度
1 M Tris-HCl (pH 8.0)	20 mL	20 mM
NaCl	58.44 g	1 M
イミダゾール	1.36 g	20 mM
全量	1,000 mL	

バッファー B		最終濃度
1 M Tris-HCl (pH 8.0)	10 mL	20 mM
NaCl	14.61 g	500 mM
イミダゾール	17.02 g	500 mM
全量	500 mL	

バッファー C		最終濃度
1 M Tris-HCl (pH 8.0)	20 mL	20 mM
NaCl	17.53 g	300 mM
イミダゾール	1.36 g	20 mM
全量	1,000 mL	

バッファー D		最終濃度
1 M Tris-HCl (pH 8.0)	20 mL	20 mM
NaCl	17.53 g	300 mM
イミダゾール	34.04 g	500 mM

全量	1,000 L

プロトコール

1. 20 mM $^{13}C/^{15}N$ アミノ酸 + 10 mM DTT 溶液の調製

① 試薬の調製で示した分量の $^{13}C/^{15}N$ アミノ酸，DTT を 1 種類ずつ精密天秤を用いて薬包紙の上にはかりとり，チロシン以外を 1,000 mL のメスシリンダーに移す．この際，薬包紙についた試薬のロスを減らすために，同じ 1 枚の薬包紙ですべての試薬をはかりとる．

② アミノ酸，DTT の入ったメスシリンダーにあらかじめチャンバーで冷やしておいた Milli-Q 水を約 800 mL 加える．

③ メスシリンダーの中にスターラーバーを入れて，低温室で撹拌する．

④ 大部分のアミノ酸が溶けたら，スターラーで撹拌しながら，5 M KOH を 4 mL 加える．さらに pH メータで pH をモニターしながら，5 M KOH を 200 µL ぐらいずつ加えて pH を 7 に合わせる．この時点でアスパラギン酸，グルタミン酸が溶ける．トリプトファンは 1,000 mL にメスアップしないと完全には溶けないので，この時点では少し残る．

⑤ 冷却済みの Mill-Q 水で 1,000 mL にメスアップする．完全に溶けるまで低温室のスターラーで撹拌を続ける．

⑥ 最後にはかりとっておいたチロシンを加えて，スターラーでよく撹拌する．

⑦ 50 mL のピペッターで 45 mL はかりとって，あらかじめ試薬名，ロット番号をラベルした 50 mL のチューブに分注し −20℃ で保存する．

2. 無細胞タンパク質合成

① feeding solution 90 mL を，オープンパックに入れる．

② あらかじめテンプレート DNA 18 µg を加えておいた 15 mL チューブに，reaction solution − DNA 8,850 µL を添加する．

③ 透析膜をビーカーから出して水をしごき出し，片側の端をクローサーで閉じる．もう一度水をしごき出す．

④ オートピペッターを用いて，reaction solution + DNA をピペットでよく混ぜて，全量透析膜の中に移し入れる．

⑤ もう一方の端をクローサーで閉じて，オープンパックの中に入れる．

⑥ オープンパックのフタをして，パラフィルムを巻いてインキュベーターの中に入れ，振とうを始める．

⑦ 30℃で1晩インキュベートした後，reaction solution の回収を行う．

3. 可溶性画分の回収

① 無細胞タンパク質合成反応液を回収し，バッファーAで3倍希釈する．

② $16,000 \times g$ で20分遠心し，上清を回収する．

③ シリンジフィルター（Millex-HV 0.45 µm，Millipore 製）で遠心上清のろ過を行う．

4. HisTrap HP カラムクロマトグラフィーによる精製

① バッファーA（10 CV）にて平衡化した1 mL HisTrap HP カラムに，遠心・ろ過により沈殿を取り除いたタンパク質合成反応液を負荷する．クロマトグラフィーは，流速1.0 mL/min にて行う．その際，フロースルー画分をまとめて分取しておく．

② 目的タンパク質を負荷した HisTrap HP カラムを，バッファーA（10 CV）によって洗浄する．

③ バッファーBを用いてイミダゾール濃度を0.5 Mに上昇させ，目的タンパク質を溶出する．その際，1.0 mLずつフラクションを

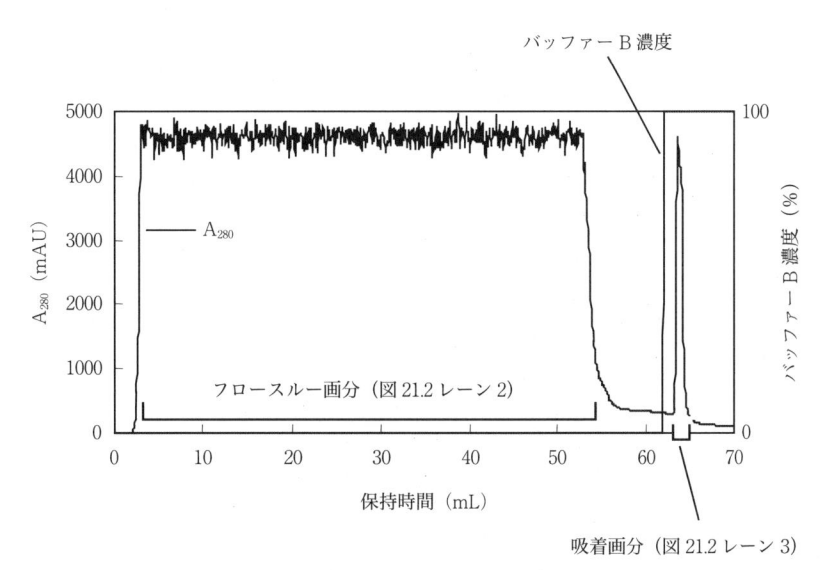

図 21.1 HisTrap HP カラムクロマトグラフィー

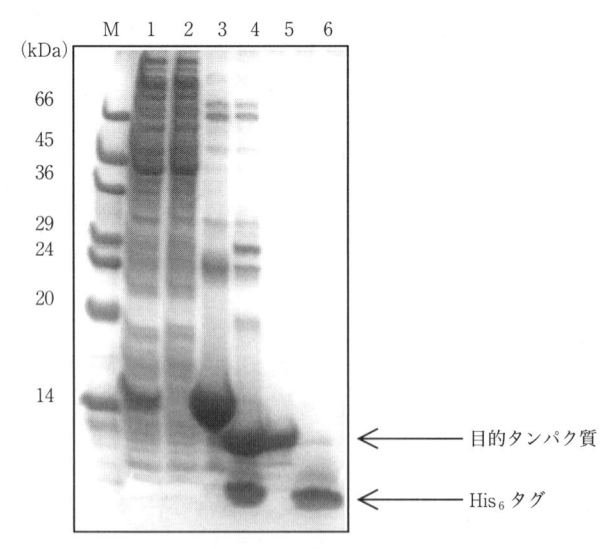

図21.2 His$_6$タグタンパク質の合成から精製までのSDS-PAGE
M：マーカー，1：無細胞タンパク質合成液上清，2：HisTrap HPカラム精製のフロースルー画分，3：HisTrap HPカラム精製の吸着画分（目的タンパク質），4：TEVプロテアーゼによるタグの切断，5：タグ除去のためのHisTrap HPカラム精製のフロースルー画分（目的タンパク質），6：タグ除去のためのHisTrap HPカラム精製の吸着画分（タグおよびTEVプロテアーゼ）．

分取する（図21.1, 21.2）．

④タンパク質のピークフラクションをSDS-PAGEによって分析し，目的タンパク質を確認する．

⑤目的タンパク質を含むフラクションを集める．

5. TEVプロテアーゼによるタグの切断

①アフィニティー精製によって得られたタンパク質に5 mMとなるようにEDTAを添加する．

②1 mg/mLのTEVプロテアーゼを100 μL添加し，30℃，3時間タグの切断を行う．

6. HiPrep 26/13 Desaltingカラムクロマトグラフィーによる脱塩

①バッファーC（10 CV）にて平衡化したHiPrep 26/13 Desaltingカラムに，タグを切断したタンパク質溶液を負荷する．クロマトグラフィーは，流速2.0 mL/minにて行う．

②目的タンパク質を負荷したHiPrep 26/13 Desaltingカラムを，バッファーCによって溶出しタンパク質画分を集める．

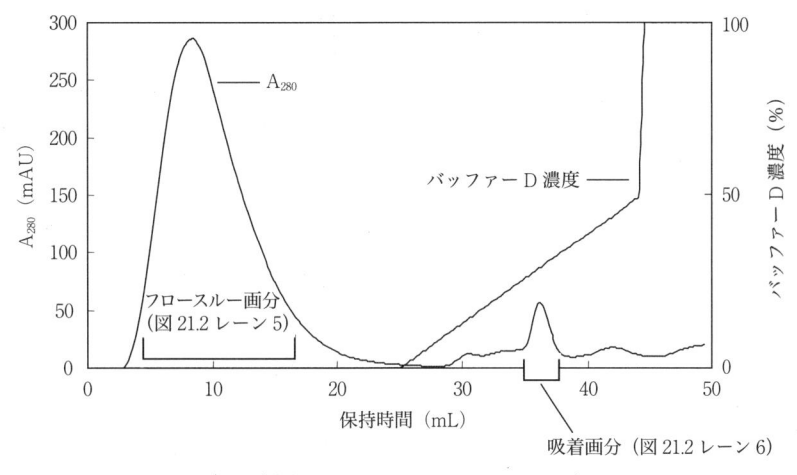

図 21.3 タグ除去の HisTrap HP カラムクロマトグラフィー

7. HisTrap HP カラムクロマトグラフィーによるタグおよび TEV プロテアーゼの除去

① バッファー C（10 CV）にて平衡化した 1 mL HisTrap HP カラムに，脱塩をしたタンパク質溶液を負荷する．クロマトグラフィーは，流速 2.0 mL/min にて行う．

② 目的タンパク質を負荷した HisTrap HP カラムを，バッファー C（10 CV）によって洗浄する．

③ タグ部分を切断した目的タンパク質は，ほとんどの場合 HisTrap HP カラムに吸着せずフロースルー画分に溶出してくるので，タンパク質を負荷した時点から 2.0 mL ずつフラクションを分取する．

④ バッファー D を用いて 20 mM から 250 mM までイミダゾール濃度を 20 CV 当量で直線的に上昇させ，さらに 500 mM にイミダゾール濃度を上昇させ，カラムに吸着したタンパク質を溶出する．その際，1.0 mL ずつフラクションを分取する（図 21.3）．

⑤ タンパク質のピークフラクションを SDS-PAGE によって分析し，目的タンパク質を確認する．

⑥ 目的タンパク質を含むフラクションを集め，濃縮し 0.5 mM，1 mM となるように EDTA，DTT をそれぞれ添加し 4℃に保存する．

〔原田 拓志，木川 隆則〕

参 考 文 献

1) Kigawa, T. *et al.*: *FEBS Lett.*, **442** (1), 15-19, 1999.
2) Kigawa, T. *et al.*: *J. Struct. Funct. Genomics*, **5** (1-2), 63-68, 2004.

索　引

欧　文

ABC トランスポーター　59, 61
Affi-Gel Blue　18, 43
ANTI-FLAG M2 アガロース　109
antipain　41
aprotinin　41
ATP 加水分解酵素　23

benzamidine　41, 43, 44
Benzonase　33
BL21 (DE3)　71
BL21 (DE3) pLys 株　3
Brij 58　16, 18, 76, 81, 87

$^{13}C/^{15}N$ アミノ酸　156
CellFECTIN　109
chymostatin　41
CM52　141

DH10 Bac　110
Dmc1　95, 98, 101
DNA 分解酵素　23
DNA ヘリケース　32
DnaA タンパク質　7
Dounce ホモジナイザー　140
DTT　16, 18

E. coli BLR (DE3)　80

FBS　111
FLAG　53
FLAG タグ　113
FLAG ペプチド　114
FLAG-M2 アフィニティーゲル　120
FPLC　42, 75, 86

H2A/H2B　140
H3/H4　140
HA　53
HeLa S3 細胞　125
His タグ　68, 95, 114
His タグ融合タンパク質　95
His_6 タグ　106
HisTrap HP カラム　157

Hydroxyapatite　76, 82
IGEPAL CA630　15, 43
IPTG　15, 18, 32

lacI 遺伝子　34
LacY　68
leupeptin　41, 43, 44

MonoQ　16, 43, 49, 76, 83, 87, 93
MonoQ カラムクロマトグラフィー　21

Ni-NTA　95
Ni-NTA アガロース　96, 99, 103, 106
Ni-NTA アガロースレジン　114
Ni-NTA カラム　99

pepstatin A　41, 43, 44
pLys S　80
PMSF　41, 43, 44, 76, 87
Polymin-P　16, 33, 76, 81
Polymin-P 沈殿　15, 18

Q-Sepharose　76, 81

Rad51　75
Rad52　86
RecA　15
RecBCD 酵素　23
RecQ ヘリケースファミリー　32
RPA　40, 86

SDS-PAGE　113
Sephacryl　76
Sephacryl S300　83, 87, 92
Sf9 細胞　111
SOC 培地　3
SP-Sepharose　87, 91
SSB　1
Superdex 200　16, 103, 107

T7 RNA ポリメラーゼ　34
T7 プロモーター　70

T7 リゾチーム　34
TALON　73
TEV プロテアーゼ　150, 158
TIP60 ヒストンアセチル化酵素　116
Triton X 100　33

Walker 株　71

YPD 培地　43

ϕ10 プロモーター　34

ア　行

アフィニティーカラム　1, 15
アフィニティークロマトグラフィー　122
アフィニティー精製　153
アフィニティータグ　70
アミノ酸標識法　153
L-(+)-アラビノース　7
アンピシリン　15, 17, 18

イオン交換カラム　1
イオン交換カラムクロマトグラフィー　60
イソプロピル-β-D-チオガラクトピラノシド　→IPTG
一本鎖 DNA 結合タンパク質　1, 40
一本鎖 DNA セルロース　18, 43
イミダゾール　109
陰イオン交換カラム　15

ウェスタンブロッティング　113
ウェルナー症候群　32

エチレングリコール　15, 43, 44
エピトープタグ　118
塩析　4
塩抽出法　123

カ　行

界面活性剤　60
可溶化　59, 64
ガラスビーズ　40, 42
カラムクロマトグラフィー　138

機能複合体　51

グアニジン変性　7
クロマチン　102, 140
クロラムフェニコール　32

結晶化　95, 101
ゲルろ過　37
ゲルろ過カラム　15
ゲルろ過カラムクロマトグラフィー　20, 65
限外ろ過　65

コアヒストン　128
抗体ビーズ　56, 57
酵母　51
コバルトカラム　73
コンデンシン　129
コンピテントセル　17

サ　行

細胞粗抽出液　55

出芽酵母　75

スペルミジン-3HCl　8, 10
スロンビンプロテアーゼ　95, 96, 99, 103, 107

相同組換え　23
相同的 DNA 組換え　15
疎水性相互作用クロマトグラフィー　36, 60
ソニケーション　12

タ　行

脱塩　151, 158
タンデムアフィニティー精製タグ　53
タンパク質複合体　116

超音波破砕機　113

透析沈殿　7
トポイソメラーゼ　133

ナ　行

ニッケルカラム　73
尿素洗浄　72

ヌクレアーゼアッセイ　30
ヌクレオソーム　102, 123, 140

ハ　行

ハイドロキシアパタイト　16, 19, 38, 82, 127, 141
ハイドロキシアパタイトカラムクロマトグラフィー　65
バクミド　108

ビオチン化 RecBCD 酵素　30
ヒスチジンタグ　68
ヒストン　51, 102
ヒストン H1　128

ブルーム症候群　32
フレンチプレス　42
プロモーター　70

ヘパリン　37
ヘパリンセファロース　2, 95, 96, 100
ヘリケース　23

マ　行

マイクロコッカスヌクレアーゼ　126, 141
膜タンパク質　68
マススペクトロメトリー解析　122

ミセルサイズ　60

無細胞タンパク質合成　149, 156

免疫沈降　56, 57

ヤ，ラ，ワ行

リゾチーム　16, 18
硫酸アンモニウム　33
硫酸アンモニウム沈殿　1, 15, 19, 35
リンカーヒストン　123, 128
リンカーヒストン H1　128
臨界ミセル濃度　60
リン酸セルロース　2

ロスモンド-トムソン症候群　32

編集者略歴

胡桃坂仁志(くるみざかひとし)

1967年　愛知県に生まれる
1995年　埼玉大学大学院理工学研究科博士後期課程修了
　　　　National Institutes of Health, visiting fellow
1997年　理化学研究所研究員（2003年まで）
現　在　早稲田大学理工学術院助教授
　　　　学術博士

タンパク質実験マニュアル　　　定価はカバーに表示

2006年10月25日　初版第1刷

編集者　胡桃坂仁志
発行者　朝倉邦造
発行所　株式会社　朝倉書店
　　　　東京都新宿区新小川町6-29
　　　　郵便番号　162-8707
　　　　電話　03(3260)0141
　　　　FAX　03(3260)0180
　　　　http://www.asakura.co.jp

〈検印省略〉

© 2006〈無断複写・転載を禁ず〉　　新日本印刷・渡辺製本

ISBN 4-254-17129-3　C 3045　　Printed in Japan